U0166453

测绘技术的发展与应用研究

张恒军　高裕山　李伟 ◎ 著

吉林科学技术出版社

图书在版编目（CIP）数据

测绘技术的发展与应用研究 / 张恒军，高裕山，李
伟著. -- 长春：吉林科学技术出版社，2023.5
　　ISBN 978-7-5744-0386-4

　　Ⅰ．①测… Ⅱ．①张… ②高… ③李… Ⅲ．①测绘学
－研究 Ⅳ．①P2

　　中国国家版本馆 CIP 数据核字(2023)第 092828 号

测绘技术的发展与应用研究

CEHUI JISHU DE FAZHAN YU YINGYONG YANJIU

作　　者　　张恒军　高裕山　李　伟
出 版 人　　宛　霞
责任编辑　　王丽新
幅面尺寸　　185mm×260mm　1/16
字　　数　　220 千字
印　　张　　9.75
印　　数　　1—200 册
版　　次　　2024 年 7 月第 1 版
印　　次　　2024 年 7 月第 1 次印刷

出　　版　　吉林科学技术出版社
发　　行　　吉林科学技术出版社
地　　址　　长春市净月区福祉大路 5788 号
邮　　编　　130118
发行部电话/传真　　0431-81629529　81629530　81629531
　　　　　　　　　　81629532　81629533　81629534

储运部电话　　0431-86059116

编辑部电话　　0431-81629518

印　　刷　　北京四海锦诚印刷技术有限公司

书　　号　　ISBN 978-7-5744-0386-4
定　　价　　60.00 元

前　言

  测绘工作是国民经济建设和社会发展的一项前期性、基础性工作，是构成地理信息产业的基础和主干。它为国家经济建设和社会发展提供与地理位置有关的各种专题性和综合性的基础信息，其成果是进行资源调查，环境监测，农田建设，能源、交通、水利等大型工程建设，城乡规划建设，土地开发利用，重大灾害监测预报和科学研究，国防建设以及国家宏观管理决策必不可少的基础资料。

  随着科学技术的进步，信息技术、数字技术都得到了空前的发展，在当今世界，经济全球化的发展趋势也势如破竹，推动经济全球化的动力则来源于信息技术和信息产业，伴随着信息时代的来临，我国的传统测绘技术也迈向了数字化、信息化测绘时代。

  测绘技术的不断发展，使得测绘学的应用越来越广，服务对象也越来越多。现代测绘学的内容广泛，任务涉及面大，是现代高新技术互相渗透的结果。现代测绘学与传统测绘学有所不同，它不只是手段先进、方法新颖，而且其研究和服务的对象、范围越来越广泛，重要性越来越显著。

  随着空间科学、信息科学和计算机技术的飞速发展，测绘科学技术也进入了一个新时代。本书从测绘的地位和基础知识开始分析，综合论述了现代测绘地理信息的新技术，并对新型基础测绘技术体系做了系统论述，然后对地面三维激光扫描测绘、无人机测绘、遥感测绘等的应用进行了阐述，基本反映了测绘地理信息技术在测绘领域的最新应用。本书可以作为测绘工程技术人员的参考和自学用书，尤其适合作为工科院校的地矿类、土建类、水利类、环境与安全类、交通运输类、城镇建设类等各本、专科专业及高等职业教育的教学用书。

  在本书撰写的过程中，参考了许多资料以及其他学者的相关研究成果，在此表示由衷的感谢。鉴于时间较为仓促，水平有限，书中难免出现一些谬误之处，在此恳请广大读者、专家学者能够予以谅解并及时进行指正，以便后续对本书做进一步的修改与完善。

作者

2023 年 7 月

目　录

第一章　测绘工作综述 **1**

　　第一节　测绘的基本概念与研究内容 1

　　第二节　测绘的学科与职业分类 3

　　第三节　测绘在经济建设和社会服务中的作用 9

　　第四节　测绘基础知识 11

第二章　测绘地理信息新技术 **21**

　　第一节　卫星遥感 21

　　第二节　航空摄影测量 28

　　第三节　三维激光扫描 35

　　第四节　北斗卫星导航定位 48

　　第五节　地理信息处理技术 52

　　第六节　地理信息挖掘分析技术 53

　　第七节　地理信息可视化技术 55

第三章　新型基础测绘技术体系 **57**

　　第一节　新型基础测绘的支撑技术框架 57

　　第二节　现代测绘基准关键技术 62

　　第三节　基础地理信息获取与处理技术 64

　　第四节　多元数据管理与服务技术 75

　　第五节　生产管理信息化技术 82

第四章　地面三维激光扫描技术的测绘应用 **85**

　　第一节　地面三维激光扫描技术在测绘领域中的应用 85

　　第二节　地面三维激光扫描技术在其他领域中的应用 89

第五章　测绘中遥感技术的应用 **95**

　　第一节　遥感基础 95

　　第二节　遥感信息获取 96

　　第三节　遥感信息传输与预处理 100

　　第四节　遥感影像数据处理 102

　　第五节　遥感技术的应用 103

　　第六节　遥感对地观测的发展前景 114

第六章　全球卫星导航定位技术与应用 **117**

　　第一节　全球卫星导航定位技术概述 117

　　第二节　全球卫星导航定位系统的工作原理和使用方法 122

　　第三节　全球卫星导航定位系统（GNSS）的应用 128

第七章　无人机测绘技术的应用 **136**

　　第一节　无人机测绘技术在建筑工程测量中的应用 136

　　第二节　无人机测绘技术在农业植保领域中的应用 139

　　第三节　轻便型无人机快速测绘技术在地质灾害应急抢险中的应用 144

参考文献 **149**

第一章 测绘工作综述

第一节 测绘的基本概念与研究内容

一、测绘的基本概念

测绘是一门古老的学科和专业，有着悠久的历史。测绘是测量和地图制图的简称。常规而言，就是以地球表面为研究对象，利用测量仪器测定地球表面自然形态和地表人工设施的形状、大小、空间位置及其属性，然后根据观测到的数据通过地图制图的方法将地面的自然形态和人工设施绘制成地图。

随着人类活动范围的扩大和科学技术水平的发展，对地球表面形状和现象的测绘，不限于较小区域，而扩大到大区域，例如一个国家，一个地区，甚至全球范围。此时，测绘不仅研究地球表面自然形态和地表人工设施的几何信息获取方法以及几何信息和属性信息的表达与描述，而且将地球作为一个整体研究其物理信息，例如地球重力场等。所以，从大的概念上讲，测绘就是研究测定和推算地面及其外空间点的几何位置，确定地球形状和地球重力场，获取地球表面自然形态和人工设施的几何分布以及与其属性有关的信息，编制全球或局部地区各种比例尺的普通地图和专题地图，建立各种地理信息系统，为国民经济发展和国防建设以及地学研究服务。

从应用层面上讲，测绘是为国民经济、社会发展以及国家各个部门提供地理信息保障，并为各项工程顺利实施提供技术、信息和决策支持的基础性行业。对于高职学生的学习和就业而言，测绘主要就是在测绘、水利、电力、公路、铁路、国土资源、城市规划、建筑、冶金、地质勘探、矿山、林业、农业、石油、海洋等行业，为各项工程顺利实施提供空间位置信息与测绘技术保障。其主要职业岗位是工程测量、大地测量、地籍测绘、房产测量、摄影测量、地理信息数据生产等。

在国家层面，测绘是准确掌握国情力、提高管理决策水平的重要手段，对于加强和改善宏观调控、促进区域发展、建设创新国家等具有重要作用。同时测绘工作涉及国家秘密，地图体现国家主权和政治主张，对于维护国家主权、安全和利益至关重要。

二、测绘的研究内容

从测绘的基本概念和我国测绘高等教育的专业设置可知，其研究内容很多，涉及国家经济建设的多个行业和领域。从测绘地球研究方面而言，其主要内容为以下几个方面：

（一）建立全国统一的测绘基准和测绘系统

在已知地球形状、大小及其重力场的基础上建立一个统一的地球坐标系统，用以表示地球表面及其外部空间任一点在这个地球坐标系中的几何位置。全国统一的测绘基准和测绘系统是各类测绘活动的基础。

测绘基准是指一个国家的整个测绘的起算依据和各种测绘系统的基础，包括所选用的各种大地测量参数、统一的起算面、起算基准点、起算方位以及有关的地点、设施和名称等。我国目前采用的测绘基准主要包括大地基准、高程基准、深度基准和重力基准。

（二）地表形态的测绘

依据控制测量建立起的地面上大量点的坐标和高程，使用测绘仪器（如全站仪、水准仪、GNSS测量系统、摄影测量和遥感系统等），按一定的测量方法，进行地球表面的起伏变化、地形地貌、各种自然地物和人工建（构）筑物的测量工作，并按照一定的规范和技术要求，绘制各种比例尺的地形图或建立地理信息数据库等工作。

（三）地图制图

将使用测量仪器和测量方法获取的自然界与人类社会现象的空间分布、相互联系及其动态变化信息以地图的形式反映和展示出来。在经过地图投影、综合、编制、整饰和制印后，形成各种比例尺的普通地图和专题地图。

（四）工程建设测绘

各种经济建设和国防工程建设的勘测、设计、施工和管理阶段都需要进行测绘工作。这些测绘工作直接为各项工程的勘测、设计、施工、安装、竣工、监测以及运营管理提供保障和服务，用测绘资料引导工程建设的实施，监测建（构）筑物的形变。

（五）海洋测绘

海洋面积占地球面积的71%。同时，我国也是一个海洋大国，东、南面有长达1.8万公里的海岸线，与之相邻有渤海、黄海、东海和南海。因而，利用测绘仪器，在一定的测绘方法支持下，对海洋及其邻近陆地和江河湖泊进行测量和调查，编制各种海图和航海资料。

（六）测量数据处理

在进行各种类型的测绘工作时，由于测量仪器构造上存在的缺陷、观测者的技术和自然环境各种因素，如气温、气压、风力、透明度和大气折光等变化，对测量工作都会有影响，给测量结果带来误差。因此，需要依据数学上的一定准则，由一系列带有观测误差的测量数据，求出未知量的最佳估值及其精度。依据不同的测绘理论和方法，使用不同的仪器和设备，采用不同的数据处理和平差手段，最后获取符合不同应用领域要求的测绘成果。

纵观上述研究内容，可以看出测绘的三个基本任务：一是精确地测定地面点的位置及地球的形状和大小；二是将地球表面的形态及其他相关信息测绘成图；三是进行经济建设和国防建设所需要的测绘工作。

第二节　测绘的学科与职业分类

测绘是一门既古老而又不断发展创新的学科。按照研究范围和对象及采用技术的不同，以及测绘从事的职业岗位不同，可以进行学科分类和职业岗位分类划分。

一、传统测绘学科分类

（一）大地测量学

大地测量学是一门古老而又年轻的科学，是地球科学的一个分支。它的基本目标是测定和研究地球空间点的位置、重力及其随时间变化的信息，为国民经济建设和社会发展、国家安全以及地球科学和空间科学研究等提供大地测量基础设施、信息和技术支持。现代大地测量学与地球科学和空间科学的多个分支相互交叉，已成为推动地球科学、空间科学和军事科学发展的前沿科学之一，其范围已从测量地球发展到测量整个地球外空间。

（二）摄影测量学

通过"摄影"进行"测量"就是摄影测量。摄影测量的基本含义是基于像片的量测与解译，它是利用光学或数码摄影机摄影得到的影像，研究和确定被摄物体的形状、大小、位置、性质和相互关系的一门学科和技术。它的基本原理是来自测量的交会方法。我们知道，把物体放在眼前，分别用左眼和右眼去看它，会发现位置有微小变动。摄影测量就是在不同的角度进行摄影，利用这样的立体像对的"移位"来构建立体模型，进行测量。根据对地面获取影像时摄像机安放位置的不同，摄影测量可分为航空摄影测量、航天摄影测

3

量与地面（近景）摄影测量。

（三）地图制图学

地图具有可量测性、直观性、一览性，因此应用广泛。编制全球或局部地区的各种比例尺的普通地图和专题地图，为国民经济的发展和国防建设以及地学研究服务，这是测绘学科的基本任务。

地图制图学就是要研究如何把地球椭球上的点投影到平面上，选用怎样的符号表示在地图上使其不仅能直观地表示物体并能反映本质规律。地图的种类是多种多样的，在内容上分为普通地图（以相对平衡的详细程度表示水系、地貌、土质植被、居民地、交通网、境界等）和专题地图（根据需要突出反映一种或几种主题要素或现象）。按地图维数可分为二维地图、二点五维地图、三维地图、四维地图。

20世纪90年代以来，随着计算机技术和激光技术的发展，数字制图技术诞生，它以地图、统计数据、实测数据、野外测量数据、数字摄影测量数据、GNSS数据、遥感数据等为数据源，以电子出版物为平台，使地图制图与印刷融为一体，给地图制图带来了革命性的变化。研究多数据源的地图制图技术方法，设计制作各种新型数字地图产品（如真三维地图），采用数字地图制图技术与地理信息系统技术编制国家电子地图集，建立国家地图集数据库与国家地图集信息系统是今后的主要发展方向。

（四）工程测量学

工程测量学主要研究在工程建设的勘测、设计、施工和管理各个阶段所进行的与地形及工程有关的信息采集和处理、工程的施工放样及设备安装、变形监测分析和预报等的理论、技术和方法，以及研究对与测量和工程有关的信息进行管理和使用。工程测量工作遍布国民经济建设和国防建设的各个部门和各个方面。其工作内容包括工程控制网的建立、工程地形图的测绘、施工放样定位、竣工测量以及变形测量等。

工程测量可以根据其服务的对象划分为工业建设测量、铁路公路测量、桥梁测量、隧道及地下施工测量、建筑工程测量以及水利工程建设测量等。

（五）海洋测绘学

海洋面积约占地球总面积的71%，是人类生命的摇篮。一切海洋活动，包括经济、军事、科研，像海上交通、海洋地质调查和资源开采、海洋工程建设、海洋疆界勘定、海洋环境保护、海底地壳和板块运动研究等，都需要测绘提供不同种类的海洋地理信息要素、数据和基础图件。海洋测绘是海洋测量和海图绘制的总称，其任务是对海洋及其邻近陆地和江河湖泊进行测量和调查，获取海洋基础地理信息，编制各种海图和航海资料，为航海、国防建设、海洋开发和海洋研究服务。海洋测量的内容主要包括海洋重力测量、海洋磁力测量、大地控制与海底控制测量、定位、测深、海底地形勘测和海图制图。

二、测绘新技术列举

（一）卫星导航定位技术（GNSS）

它是利用在空间飞行的卫星不断向地面广播发送具有某种频率并加载了某些特殊定位信息的无线电信号来实现定位测量的导航定位系统。

（二）航天遥感技术（RS）

它是不接触物体本身，用传感器采集目标物的电磁波信息，经处理、分析后识别目标物，揭示几何、物理性质的相互联系及其变化规律的现代科学技术。

（三）数字地图制图技术（Digital Cartography）

它是根据地图制图原理和地图编辑过程的要求，利用计算机输入、输出等设备，通过数据库技术和图形数字处理方法，实现地图数据的获取、处理、显示、存储和输出。

（四）地理信息系统技术（GIS）

它是在计算机软件和硬件系统支持下，把各种地理信息按照空间分布及属性以一定的格式输入、存储、检索、更新、显示、制图和综合分析应用的技术系统。

（五）3S集成技术（Integration of GNSS，RS and GIS Technology）

在3S技术的集成中，GNSS主要用于实时、快速地提供目标的空间位置；RS用于实时、快速地提供大面积地表物体及其环境的几何与物理信息，以及它们的各种变化；GIS则是对多种来源时空数据的综合处理分析的平台。

（六）卫星重力探测技术（Satellite Gravimetry）

它是将卫星当成地球重力场的探测器或传感器，通过对卫星轨道的受摄运动及其参数的变化或者两颗卫星之间的距离变化进行观测，据此了解和研究地球重力场的精细结构。

（七）虚拟现实技术（Virtual Reality Technology）

它是由计算机组成的高级人机交互系统，构成一个以视觉感受为主，包括听觉、触觉、嗅觉的可感知环境。

三、测绘职业岗位分类

测绘职业划分为：大地测量员、摄影测量员、地图绘制员、工程测量员、不动产测绘员、海洋测绘员、无人机测绘操控员、地理信息采集员、地理信息处理员、地理信息应用作业员。

（一）大地测量员

1.进行大地控制点的选点、造标、埋石，绘制点之记；

2.使用卫星定位仪、全站仪、水准仪、重力仪等仪器，进行天文、三角、水准、重力、精密导线测量的观测和记簿；

3.进行全球定位系统接收机的观测、记录工作；

4.进行外业观测成果资料整理、概算，提供测量数据；

5.维护保养仪器、设备、工具。

（二）摄影测量员

1.使用大中型飞行器观测平台，获取航空航天影像数据和遥感影像；

2.布设野外控制点标志，进行野外控制点测量和地物、地貌调绘等；

3.区域网空中三角测量，加密供测图使用的控制点和数据；

4.使用摄影测量工作站，进行影像数据的处理、几何纠正、影像判译、立体测图，绘制各种比例尺地形原图；

5.使用遥感影像图形工作站，进行卫星遥感影像数据的纠正、配准、平差、融合、拼接和裁切等；

6.生产数字地面模型（DTM)、数字高程模型(DEM)、数字正射影像（DOM）等数字影像产品；

7.操作地面移动或固定的观测平台及遥感设备，获取目标的观测数据；

8.维护保养仪器、设备、工具。

（三）地图绘制员

1.收集地图绘制的资料和数据；

2.操作数字化仪、工程扫描仪等设备，进行地图定向、地图数据采集、数据转换和比例尺变化等作业；

3.操作图形编辑计算机软件，或结合手绘方法，设计、整饰、编绘地图出版原图、专题图和各种数字化地图；

4.进行地图安全审校和印前处理；

5.手工或操作数控设备，加工、印制、组装普通地图和其他特型地图；

6.维护保养仪器、设备、工具。

（四）工程测量员

1.进行工程测量控制点和目标点选点、采集、标识；

2.使用工程测量仪器，进行控制测量、地形测量、规划测量、建筑工程测量、变形形变与精密测量、市政工程测量、水利工程测量、线路与桥隧测量、地下管线测量、矿山测量等专项测量；

3.进行外业观测成果资料的整理、概算，以及工程地形图数据的编辑处理等；

4.检验测量成果资料，提供测量数据和测量图件；

5.维护保养仪器、设备、工具。

（五）不动产测绘员

1.进行法定界线测量前的选点、埋石，实地标定界址点；

2.使用卫星定位仪、手持测距仪、全站仪、钢尺等仪器和工具，测量和记录土地、海域及房屋、林木等定着物，以及行政区域界线等的位置、数量、面积等；

3.调查和记录土地、海域及房屋、林木等定着物，以及行政区域境界的类别、权属、质量等信息；

4.整理、归档不动产簿册、数据、文档、图集等测绘资料；

5.维护保养仪器、设备、工具。

（六）海洋测绘员

1.进行海洋测量控制点选点和布设；

2.使用测量仪器，观测和记录海洋控制、水准、地形、水深、助航标志、障碍标志、底质、潮位、海流等；

3.整理成果资料，编绘海图、航道图；

4.维护保养仪器、设备、工具。

（七）无人机测绘操控员

1.布设地面标志、飞行检校场；

2.安装测绘仪器，组装小型无人机航空设备；

3.操作地面监控系统，操控无人飞行器或其他无人机设备，采集地表数据和航空影像数据；

4.进行航空遥感数据预处理或冲印处理；

5.维护保养仪器、设备、工具。

（八）地理信息采集员

1.根据作业要求，制订采集方案和布设路线；

2.使用移动测量车、卫星定位仪、惯性导航系统等仪器和设备，按设计路线采集地物实景地理信息；

3.使用激光扫描仪、立体测量摄影机等仪器和设备，获取地物的二维、三维及全景影像信息；

4.使用卫星定位仪、数码相机和惯性导航系统，获取道路和导航兴趣点（POI）的位置信息和属性信息；

5.采集、记录作业对象的地表自然要素、人文地理要素等属性信息；

6.检查获取影像、数据的数量和质量；

7.维护保养仪器、设备、工具。

（九）地理信息处理员

1.使用地理信息软件和工作平台，进行地理信息数据标准化录入，建立地理信息数据库，进行数据库逻辑检验和修改；

2.利用收集的现状资料和辅助资料，制作地理信息二维、三维和实景空间模型；

3.进行社会经济数据等非空间化数据的扫描、录入和数字化，地理信息数据和非空间化数据的关联、叠加和集成；

4.进行交换格式数据与所需的物理存储格式数据的转换；

5.进行地理信息数据（库）的整理、存储、备份、维护管理和数据安全保密；

6.维护地理信息系统、遥感和卫星导航定位系统等。

（十）地理信息应用作业员

1.搜集和整理影像、资料和数据；

2.根据导航定位产品设计架构，集成、编绘、制作导航地理信息产品，提供位置监控、灾害预警、应急救援等导航与位置服务；

3.基于互联网平台和标准，制作互联网地理信息产品，提供地图搜索、下载、发送和地理信息标注、引用服务；

4.根据地理国情监测工程设计和指标体系，对监测对象的变化情况进行比对、标注和汇总，生产地理国情监测产品；

5.提供国土、交通、农林、地矿、环境、水利、建设、城市管理等方面的地理信息应用技术服务；

6.使用测评软件，进行室内外地理信息数据产品的质量和功能测评。

第三节　测绘在经济建设和社会服务中的作用

测绘是国民经济和社会发展的一项前期性、基础性工作，广泛服务于经济建设、国防建设、科学研究、文化教育、行政管理和人民生活等诸多领域，属于责任较大、社会通用性强、专业技术性强、关系公共利益的技术工作。测绘成果对国家版图、疆域的反映，体现了国家的主权和政府的意志。测绘成果的质量与国家经济建设和人民群众日常生活密切相关，不动产测绘及其他一些测绘成果的质量更是直接与人民群众的生活息息相关。

一、测绘技术在科学研究中的作用

地球是人类和社会赖以生存和发展的资源。由于人类活动范围的加剧，地球正面临一系列全球性或区域性的重大难题和挑战。现代测绘技术已经实现无人工干预自动连续观测和数据处理，可以提供几乎任意时域分辨率的观测成果，具有检测瞬时地学事件的能力，如地震预测预报、灾情监测、空间技术研究、海底资源探测、大坝变形监测、加速器和核电站运营的监测等，以及其他科学研究，无一不需要测绘工作紧密配合和提供空间信息。

二、测绘技术在国民经济建设中的作用

测绘在国民经济建设中的作用广泛。在经济发展规划、土地资源调查和利用、海洋开发、农林牧渔业的发展、生态环境保护以及各种工程、矿山和城市建设等各个方面都必须进行相应测绘工作，编制各种地图和建立相应的地理信息系统，以供规划、设计、施工、管理和决策使用。

在城市建设中，科学地规划和整理居民地，城市的扩充与改建计划，建设城市交通路线，敷设地下管线、兴建地下铁道等需要城市测绘数据、高分辨率卫星影像、三维景观模型、智能交通和城市地理信息系统等测绘高新技术的支持，都必须有地形图和地图，并进行专门的测量工作。

在农业和林业中，进行土地整理以及森林的建设与经营，改良土壤、整理土地、开垦荒地以及实现许多旨在发展农业和林业的其他措施时，不仅需要利用地图和地形图，更需要进行精确的测量。

9

地勘测绘为地质矿产资源勘查、矿山建设、环境地质监控和治理等方面，提供基础信息资料和科学技术方法。例如，为地矿资源勘查区（陆地、海洋、空间）提供大地定位基础；为描述勘查区各种地形、地质、矿产分布形态规律和赋存关系，测绘或编制各种地形图、地质图、专题地图；为防治地质灾害，监测地面沉降、滑坡、泥石流等及时提供各种形变数据；为矿山开发建设提供测绘保障。

在交通运输业中，当修建铁路、公路、通航运河及它们的附属建筑工程时，初步方案要根据地形图来制订；在勘察、设计和施工的各个阶段，都要进行测量工作。

在水利建设工程中，首先根据地形图做出初步方案研究，然后进行勘察设计、施工。在施工过程中，要将设计测量到实地上。即使工程已经建成并交付使用后，仍然要进行精确的测量工作，以观察和发现工程建筑物所产生的变形、下沉和偏移，并提供准确的资料。

如何科学地利用和管理人类赖以生存的土地，是每个国家都必须解决的问题。而为了解决这一问题，首先就要进行土地调查和地籍测量工作。

三、测绘技术在国防建设中的作用

在军事上，首先由测绘工作提供地形信息，在战略的部署、战役的指挥中，除必需的军用地图（包括电子地图、数字地图）外，还需要进行目标的观测定位以便进行打击。至于远程导弹、空间武器、人造地球卫星以及航天器的发射等，都要随时观测、校正飞行轨道，保证它精确入轨飞行。为了使飞行器到达预定目标，除了测算出发射点和目标点的精确坐标、方位、距离外，还必须掌握地球形状、大小、重力场的精确数据。航天器发射后，还要跟踪观测飞行轨道是否正确。总之，现代测绘技术与现代战争紧密结合在一起，是军事上决策的重要依据之一。

公安部门合理部署警力，有效预防和打击犯罪也需要电子地图、全球导航卫星系统（GNSS）和地理信息系统（GIS）的支持。测绘空间数据库和多媒体地理信息不仅在实际疆界划定工作中起着基础信息的作用，而且对于边界谈判、缉私禁毒、边防建设与界线管理中均有重要的作用。

四、测绘技术在社会发展中的作用

政府部门或职能机构既要及时了解自然或社会经济要素的分布与资源环境条件，也要进行空间规划布局，还要掌握空间发展状况和政策空间效应。但由于现代经济和社会的快速发展与自然关系的复杂性，使人们解决现代经济和社会问题的难度增加。因此，政府基于测绘数据基础，建立空间决策系统，实现空间分析和管理决策以及电子政务。为解决环境恶化、不可再生能源和矿产资源匮乏及人口膨胀等社会问题，以及社会经济迅速发展和自然环境之间产生的巨大矛盾，维持社会的可持续发展，利用测绘和地理信息指导人类合理利用和开发资源，有效地保护和改善环境，防治和抵御各种自然灾害。在防灾减灾、资源开发和利用、生态建设、环境保护等方面，则利用测绘和地理信息进行规划、方案的制订，灾害、环境监测系统的建立，风险的分析，资源、环境调查与评估、可视化的显示以及决策指挥等。

进入21世纪，随着信息技术的飞速发展，"3S"技术逐步与计算机、网络、通信等高新技术集成，并得到广泛应用，从而使测绘地理信息产品的技术含量和网络化服务能力不断提高；车载导航、个人移动定位、互联网地图等新型高科技产品的生产与服务蓬勃兴起，涌现出一大批具有自主创新能力的测绘地理信息企业，有力地促进了测绘地理信息产业的发展。以"3S"技术为支撑、以空间信息资源为核心的测绘地理信息产业现已成为现代服务业新的经济增长点，并为测绘事业开拓了更加广阔的服务领域和发展空间。

第四节　测绘基础知识

一、测量的基准线和基准面

（一）大地水准面

地球表面被陆地和海洋所覆盖，其中海洋面积约占71%，陆地面积约占29%，人们常把地球形状看作被海水包围的球体。静止不流动的水面称为水准面。水准面是物理面，水准面上的每一个分子各自均受到相等的重力作用，处处与重力方向（铅垂线）正交，同一水准面上的重力位相等，故此水准面也称重力等位面，水准面上任意一点的垂线方向均与水准面正交。地球表面十分复杂，难以用公式表达，设想海洋处于静止不动状态，以平均海水面代替海水静止时的水面，并向全球大陆内部延伸，使它形成连续不断的、封闭的曲面，这个特定的重力位水准面被称为大地水准面。由大地水准面所包围的地球形体被称为大地体，在测量学中用大地体表示地球形体。

地球空间的任意一质点，都受到地球引力和地球自转产生的离心力的作用，因此质点实际上所受到的力为地球引力和离心力的合力，即大家所熟知的重力。

野外测量工作是以地球自然表面为依托面，通过测量仪器的水准器置平便可得到水准面；以细线悬挂垂球便可获知悬挂点的重力方向，通常称为垂线或铅垂线；因而水准面和铅垂线便成为实际测绘工作的基准面与基准线。

（二）参考椭球面

大地测量学的基本任务之一就是建立统一的大地测量坐标系，精确测定地面点的位置。但是测量野外只能获得角度、长度和高差等观测元素，并不能直接得到点的坐标，为求解点的坐标成果，必须引入一个规则的数学曲面作为计算基准面，并通过该基准面建立起各观测元素之间以及观测元素与点的位置之间的数学关系。

地球自然表面十分复杂，不能作为计算基准面；大地水准面虽然比地球自然表面平滑许多，但由于地球引力大小与地球内部质量有关，而地球内部质量分布又不均匀，引起地面上各点垂线方向产生不规则变化，大地水准面实际上是一个有着微小起伏的不规则曲面，形状不规则，无法用数学公式精确表达为数学曲面，也不能作为计算基准面。

经过长期研究表明，地球形状极近似于一个两极稍扁的旋转椭球，即一个椭圆绕其短轴旋转而成的形体。而其旋转椭球面可以用较简单的数学公式准确地表达出来，所以测绘工作便取大小与大地体很接近的旋转椭球作为地球的参考形状和大小，一般称其外表面为参考椭球面。若对参考椭球面的数学式加入地球重力异常变化参数改正，便可得到与大地水准面较为接近的数学式，因此在测量工作中是用参考椭球面这样一个规则的曲面代替大地水准面作为测量计算的基准面的。

世界各国通常采用旋转椭球代表地球的形状，并称其为"地球椭球"。测量中把与大地体最接近的地球椭球称为总地球椭球；把与某个区域如一个国家大地水准面最为密合的椭球称为参考椭球，其椭球面称为参考椭球面。由此可见，参考椭球有许多个，而总地球椭球只有一个。

椭球的形状和大小是由其基本元素决定的。椭球体的基本元素是长半轴 a、短半轴 b、扁率 $\alpha = \dfrac{a-b}{a}$。

根据一定的条件，确定参考椭球面与大地水准面的相对位置，所做的测量工作，称为参考椭球体的定位。在一个国家或一个区域中适当位置选择一个点 P 作为大地原点，假设大地水准面与参考椭球面相切，切点 P' 位于 P 点的铅垂线方向上，参考椭球面 P' 点的法线与该点对大地水准面的铅垂线重合，并使椭球的短轴与地球的自转轴平行，而且椭球面与这个国家范围内的大地水准面差距尽量地小，从而确定参考椭球面与大地水准面的相对位置关系，这就是椭球的定位工作。

1. 参考椭球面在测绘工作中具有以下重要作用：

① 它是一个代表地球的数学曲面。

② 它是一个大地测量计算的基准面。

③ 它是研究大地水准面形状的参考面。我们知道，参考椭球面是规则的，大地水准面是不规则的，两者进行比较，即可将大地水准面的不规则部分（差距和垂线偏差）显示出来。将地球形状分离为规则和不规则两部分，分别进行研究，这是几何大地测量学的基本思想。

④ 在地图投影中，讨论两个数学曲面的对应关系时，也是用参考椭球面来代替地球

表面。因此，参考椭球面是地图投影的参考面。

2.将地球表面、水准面、大地水准面和参考椭球面进行比较，不难看出以下几点：

①地球表面是测量的依托面。它的形状复杂，不是数学表面，也不是等位面。

②水准面是液体的静止表面。它是重力等位面，不是数学表面，形状不规则。通过任一点都有一个水准面，因此水准面有无数个。水准面是野外测量的基准面。

③大地水准面是平均海水面及其在大陆的延伸。它具有一般水准面的特性。全球只有一个大地水准面。它是客观存在的，具有长期的稳定性，在整体上接近地球。大地水准面可以代表地球，并可作为高程的起算面。

④参考椭球面是具有一定参数、定位和定向的地球椭球面。它是数学曲面，没有物理意义。它的建立有一定的随意性。它可以在一定范围内与地球相当接近。参考椭球面是代表地球的数学曲面，是测量计算的基准面，同时又是研究地球形状和地图投影的参考面。

二、测量坐标系统和高程系统

坐标系是定义坐标如何实现的一套理论方法，包括定义原点、基本平面和坐标轴的指向等。

（一）数学坐标系统

常用的数学坐标系包括平面直角坐标系（二维）和空间直角坐标系（三维）。

1.平面直角坐标系

在同一个平面上互相垂直且有公共原点的两条数轴构成平面直角坐标系，简称直角坐标系（Rectangular Coordinates）。通常，两条数轴分别置于水平位置与垂直位置，取向右与向上的方向分别为两条数轴的正方向。水平的数轴叫 X 轴（X-axis）或横轴，垂直的数轴叫 Y 轴（Y-axis）或纵轴，X 轴 Y 轴统称为坐标轴，它们的公共原点 O 称为直角坐标系的原点（Origin），以点 O 为原点的平面直角坐标系记作平面直角坐标系 XOY。

2.空间直角坐标系

空间任意选定一点 O，过点 O 作三条互相垂直的数轴 OX，OY，OZ，它们都以 O 为原点且具有相同的长度单位。这三条轴分别称作 X 轴（横轴）、Y 轴（纵轴）、Z 轴（竖轴），统称为坐标轴。它们的正方向符合右手规则，即以右手握住 Z 轴，当右手的四个手指从 X 轴的正向以90°角度转向 Y 轴正向时，大拇指的指向就是 Z 轴的正向。这样就构成了一个空间直角坐标系，称为空间直角坐标系 $OXYZ$。定点 O 称为该坐标系的原点，与之相对应的是左手空间直角坐标系。一般在数学中更常用右手空间直角坐标系，在其他学科方面因应用方便而异。

（二）测量坐标系统

测量坐标系统是供各种测绘地理信息工作使用的一类坐标系统，与数学坐标系统的最大区别在于X轴、Y轴的指向互换，在使用时应引起重视。

本书描述的测量坐标系统均为地固坐标系。地固坐标系指坐标系统与地球固联在一起，与地球同步运动的坐标系统。与地固坐标系对应的是与地球自转无关的天球坐标系统或惯性坐标系统。原点在地心的地固坐标系称为地心地固坐标系。地固坐标系的分类方式有多种。

常用分类方法如下：

第一，根据坐标原点位置的不同分为参心坐标系、地心坐标系、站心（测站中心）坐标系等。

参心坐标系是各个国家为了研究地球表面的形状，在使地面测量数据归算至椭球的各项改正数最小的原则下，选择和局部地区的大地水准面最为密合的椭球作为参考椭球建立的坐标系。"参心"指参考椭球的中心。由于参考椭球中心与地球质心不一致，参心坐标系又称为非地心坐标系、局部坐标系或相对坐标系。参心坐标系通常包括两种表现形式：参心空间直角坐标系（以X、Y、Z为坐标元素）和参心大地坐标系（以B、L、H为坐标元素）。

地心坐标系是以地球质量中心为原点的坐标系，其椭球中心与地球质心重合，且椭球定位与全球大地水准面最为密合。地心坐标系通常包括两种表现形式：地心空间直角坐标系和地心大地坐标系。

第二，根据坐标维数的不同分为二维坐标系、三维坐标系、多维坐标系等。

第三，按坐标表现形式的不同分为空间直角坐标系、空间大地坐标系、站心直角坐标系、极坐标系和曲线坐标系等。

为表达地球表面地面点相对地球椭球的空间位置，大地坐标系除采用地理坐标（大地经度B和纬度L）外，还要使用大地高H。地面点超出平均海水面的高程称为绝对高程或海拔高程，随起算面和计算方法的不同，还存在其他各种高程系统，例如以参考椭球面为高程起算面沿球面法线方向计算的大地高系统，以及以似大地水准面为高程起算面沿铅垂线方向计算的正常高系统等。

常见的高程系统有正高系统、正常高系统、力高系统以及大地高系统等。

在测量上确定地面点平面位置和高程常用大地坐标、高斯直角坐标及平面直角坐标和正高系统等。

1.大地坐标系

地面上一点的平面位置在椭球面上通常用经度和纬度来表示，称为地理坐标。

世界各国统一将通过英国格林尼治天文台的子午面作为经度起算面，称为首子午面。

首子午面与旋转椭球面的交线，称为首子午线。地面上某一点M的经度，就是过该点的子午面与首子午面的夹角，以L表示。经度从首子午线起向东180°称东经；向西180°称西经。M点的纬度，就是该点的法线与赤道平面的交角，以B表示。纬度从赤道起，向北由0°～90°称北纬；向南由0°～90°称南纬。

2.高斯平面直角坐标系

地理坐标只能用来确定地面点在旋转椭球面上的位置，但测量上的计算和绘图，要求最好在平面上进行。大家知道，旋转椭球面是个闭合曲面，如何建立一个平面直角坐标系统呢？主要应用各种投影方法。我国采用横切圆柱投影——高斯-克吕格投影的方法来建立平面直角坐标系统，称为高斯-克吕格直角坐标系，简称为高斯直角坐标系。高斯-克吕格投影就是设想用一个横椭圆柱面，套在旋转椭球体外面，并与旋转椭球体面上某一条子午线相切，同时使椭圆柱的轴位于赤道面内并通过椭圆体的中心，相切的子午线称为中央子午线。然后将中央子午线附近的旋转椭球面上的点、线投影至横切圆柱面上去，如将旋转椭球体面上的 M 点，投影到椭圆柱面上的 m 点，再顺着过极点的母线，将椭圆柱面剪开，展开成平面，这个平面称为高斯—克吕格投影平面，简称高斯投影平面。

高斯投影平面上的中央子午线投影为直线且长度不变，其余的子午线均为凹向中央子午线的曲线，其长度大于投影前的长度，离中央子午线越远长度变形越长，为了将长度变化限制在测图精度允许的范围内，通常采用6°分带法，即从首子午线起每隔经度差6°为一带。将旋转椭球体表面由西向东等分为六十带，即0°～6°为第1带，3°线为第1带的中央子午线；6°～12°为第2带，9°线为第2带的中央子午线，以此类推，每一带单独进行投影。

采用高斯直角坐标来表示地面上某点的位置时，需要通过比较复杂的数学（投影）计算才能求得该地面点在高斯投影平面上的坐标值。高斯直角坐标系一般都用于大面积的测区。

3.平面直角坐标系

当测区面积较小时，可不考虑地球曲率而将其当作平面看待。如地面上 A、B 两点在球面 P 上的投影为 a、b。设球面 P 与水平面 P' 在 a 点相切，则 A、B 两点在球面上的投影长度 $ab = d$；在水平面上投影的水平距离 $ab' = t$，其差值：

$$\Delta d = t - d = R\tan\theta - R\theta = R(\tan\theta - \theta) \tag{1-1}$$

用三角级数展开式（1-1）后取主项可得：

$$\Delta d = R\left[\theta + \frac{1}{3}\theta^3 - \theta\right] = \frac{R\theta^3}{3} \tag{1-2}$$

因 $\theta = \dfrac{d}{R}$，代入式（1-1）有：

$$\Delta d = \frac{d^3}{3R^2}$$

（1-3）

或

$$\frac{\Delta d}{d} = \frac{d^2}{3R^2}$$

（1-4）

以 $R = 6371\text{km}$ 和不同的 d 值代入式（1-3）和式（1-4）可得表1-1中的数值。

表1-1　地球曲率对距离变形的影响

地面距离 d/km	地球曲率引起的变形△ d/cm	△ d/Q 相对误差
10	0.82	1 ： 1200000
20	6.57	1 ： 304000
50	102.65	1 ： 9000

由表1-1可知当 $d = 10\text{km}$ 时，以切平面上的相应线段 t 代替，其误差不超过1cm，相对误差1 ： 1200000，而目前最精密的距离丈量相对误差约为1 ： 1000000，因此可以确认，在半径为10km的圆面积范围内，可忽略地球曲率对距离的影响。

如果将地球表面上的小面积测区当作平面看待，就不必要进行复杂的投影计算，可以直接将地面点沿铅垂线投影到水平面上，用平面直角坐标来表示它的投影位置和推算点与点之间的关系。

平面直角坐标系的原点记为 O，规定纵坐标轴为 x 轴，与南北方向一致，自原点 O 起，指北者为正，指南者为负；横坐标轴为 y 轴，与东西方向一致，自原点起，指东者为正，指西者为负。象限 I、II、III、IV 按顺时针方向排列。坐标原点可取用高斯直角坐标值，也可以根据实地情况安置，一般为使测区所有各点的纵横坐标值均为正值，坐标原点大都安置在测区的西南角，使测区全部落在第I象限内。

4.高程系统

（1）正高系统

正高系统是以大地水准面为高程基准面，地面上任一点沿铅垂线方向到大地水准面的距离叫正高，也就是通常所说的海拔高程，以 $H_\text{正}$ 表示。

（2）正常高

正常高的基准面为似大地水准面，它是由地面点沿垂线向下量取正常高所得各点连接起来而形成的曲面，用 $H_\text{常}$ 表示

（3）大地高

地面点沿参考椭球面法线到参考椭球面的距离叫大地高，用$H_大$表示。

大地水准面与参考椭球面之间的高程差称为大地水准面差距，以N表示，似大地水准面与参考椭球面之间的高程差称为高程异常，以ξ表示，即：

$$H_大 = H_正 + N \tag{1-5}$$

$$H_大 = H_常 + \xi \tag{1-6}$$

这样，大地高$H_大$与正常高$H_常$或大地$H_大$与正高$H_正$之间通过大地水准面差距N或高程异常ξ就取得了联系，可以相互换算。

地面上任意一点的正常高数值不随水准线路而异，是唯一的确定值，表示该点到似大地水准面的距离，由于似大地水准面同大地水准面十分接近，所以正常高同海拔高程即正高也相差很小。此外由于似大地水准面和参考椭球面间的距离（高程异常）可以利用天文水准或天文重力水准方法严格推求，通过正常高和高程异常即可精确地算出地面点到参考椭球的距离（大地高），从而可将地面上的观测元素精确地归算至参考椭球面上。正是由于正常高具有的这些优点，所以我国规定采用正常高系统作为我国计算高程的统一系统。

三、地图投影与分幅编号

（一）地图的基本概念

1.地图的特性

地图以特有的数学基础、图形符号和抽象概括法则表现地球或其他星球自然表面的时空现象，反映人类的政治、经济、文化和历史等人文现象的状态、联系和发展变化。它具有以下的特性：

①可量测性。由于地图采用了地图投影、地图比例尺和地图定向等特殊数学法则，人们可以在地图上精确量测点的坐标、线的长度和方位、区域的面积、物体的体积和地面坡度等。

②直观性。地图符号系统称为地图语言，它是表达地理事物的工具。地图符号系统由符号、色彩及相应的文字注记构成，它们能准确地表达地理事物的位置、范围、数量和质量特征、空间分布规律以及它们之间的相互联系和动态变化。用图者可以直观、准确地获得地图信息。

③一览性。地图是缩小了的地图表象，不可能表达出地面上所有的地理事物，需要通过取舍和概括的方法表示出重要的物体，舍去次要的物体，这就是制图综合。制图综合

能使地面上任意大的区域缩小成图，正确表达出读者感兴趣的重要内容，使读者能一览无遗。

2.地图的内容

地图的内容由数学要素、地理要素和辅助要素构成。

①数学要素。它包括地图的坐标网、控制点、比例尺和定向等内容。

②地理要素。根据地理现象的性质，地理要素大致可以区分为自然要素、社会经济要素和环境要素等。自然要素包括地质、地球物理、地势、地貌、气象、土壤、植物、动物等现象或物体；社会经济要素包括政治、行政、人口、城市、历史、文化、经济等现象或物体；环境要素包括自然灾害、自然保护、污染与保护、疾病与医疗等。

③辅助要素。辅助要素是指为阅读和使用地图者提供的具有一定参考意义的说明性内容或工具性内容，主要包括图名、图号、接图表、图廓、分度带、图例、坡度尺、附图、资料及成图说明等。

3.地图的分类

地图分类的标准很多，主要有按地图的内容、比例尺、制图区域范围和使用方式等分类标准。

①按内容分类。地图按内容可分为普通地图和专题地图两大类。

普通地图是以相对平衡的详细程度表示水系、地貌、土质植被、居民地、交通网和境界等基本地理要素。

专题地图是根据需要突出反映一种或几种主题要素或现象的地图。

②按比例尺分类。地图按比例尺分类是一种习惯上的做法。在普通地图中，按比例尺可分为以下三类：

大比例尺地图：比例尺≥1∶10万的地图。

中比例尺地图：比例尺1∶10万～1∶100万之间的地图。

小比例尺地图：比例尺≤1∶100万的地图。

③按制图区域范围分类。

按自然区地图可划分为世界地图、大陆地图和洲地图等。

按政治行政区地图可划分为国家地图、省（区）地图、市地图和县地图等。

④按使用方式分类。

桌面用图：能在明视距离阅读的地图，如地形图、地图集等。

挂图：包括近距离阅读的一般挂图和远距离阅读的教学挂图。

随身携带地图：通常包括小图册或折叠地图（如旅游地图）。

（二）地图投影

1.地图投影的基本概念

将地球椭球面上的点投影到平面上的方法称为地图投影。按照一定的数学法则，使地面点的地理坐标（λ，φ）与地图上相对应的点的平面直角坐标（x，y）建立函数关系：

$$x = f_1(\lambda, \varphi) \tag{1-7}$$

$$y = f_2(\lambda, \varphi) \tag{1-8}$$

当给定不同的具体条件时，就可得到不同种类的投影公式。根据公式将一系列的经纬线交点(λ, φ)计算成平面直角坐标(x, y)，并展绘于平面上，即可建立经纬线平面表象，构成地图的数学基础。

2.地图投影变形

由于地球椭球面是一个不可展的曲面，将它投影到平面上，必然会产生变形。这种变形表现在形状和大小两方面。从实质上讲，是由长度变形、方向变形引起的。

3.地图投影分类

（1）按变形性质分类

按变形性质地图投影可分为等角投影、等面积投影和任意投影。

①等角投影。它是指地面上的微分线段组成的角度投影保持不变，因此适用于交通图、洋流图和风向图等。

②等面积投影。它是指投影平面上的地物轮廓图形面积保持与实地的相等，因此适用于对面积精度要求较高的自然社会经济地图。

③任意投影。它是指投影地图上既有长度变形，又有面积变形。在任意投影中，有一种常见投影即等距离投影。该投影只在某些特定方向上没有变形，一般沿经线方向保持不变形。任意投影适用于一般参考图和中小学教学用图。

（2）按构成方法分类

①几何投影。以几何特征为依据，将地球椭球面上的经纬网投影到平面、圆锥表面和圆柱表面等几何面上，从而构成方位投影、圆锥投影和圆柱投影。

方位投影：以平面作为投影面的投影。根据投影面和地球体的位置关系不同，有正方位、斜方位和横方位几种不同的投影。

圆锥投影：以圆锥面作为投影面的投影。在圆锥投影中，有正圆锥、斜圆锥和横圆锥几种不同的投影。

圆柱投影：以圆柱面作为投影面的投影。在圆柱投影中，有正圆柱、斜圆柱和横圆柱几种不同的投影。

②非几何投影。根据制图的某些特定要求，选用合适的投影条件，用数学解析方法确定平面与球面点间的函数关系。按经纬线形状，可将其分为伪方位投影、伪圆锥投影、

伪圆柱投影和多圆锥投影。

4.双标准纬线正等角割圆锥投影

我国1∶100万地形图采用双标准纬线正等角割圆锥投影。它假设圆锥轴和地球椭球体旋转轴重合，圆锥面与地球椭球面相割，将经纬网投影于圆锥面上展开而成。圆锥面与椭球面相割的两条纬线，称为标准纬线。我国1∶100万地形图的投影是按纬度划分的原则，从0°开始，纬差4°一幅，共有15个投影带，每幅经差为6°。因此，每个投影带只须计算其中一幅的投影成果即可。

5.高斯-克吕格投影

我国除1∶100万地形图外均采用高斯-克吕格投影。我国采用横切圆柱投影——高斯-克吕格投影的方法来建立平面直角坐标系统，称为高斯-克吕格直角坐标系，简称为高斯直角坐标系。高斯-克吕格投影即等角横切圆柱投影，简称高斯投影，高斯-克吕格投影的基本思想是就是设想采用一个横椭圆柱面，套在旋转椭球体外面，并与旋转椭球体面上某一条子午线相切（相切的子午线称为中央子午线），同时使椭圆柱的轴位于赤道面内并通过椭圆体的中心，圆柱的中心线通过地球的中心并在赤道上；然后依据规定的等角条件，将位于中央子午线东、西两侧在一定经差范围内的经纬线交点投影到圆柱面上，如将旋转椭球体面上的M点，投影到椭圆柱面上的四点，再顺着过极点的母线，最后将椭圆柱面剪开，展开成平面，这个平面称为高斯-克吕格投影平面，简称高斯投影平面。

高斯投影条件归纳起来有三点：①中央子午线和赤道投影后成为相互垂直的直线，前者作为 X 轴，后者作为 Y 轴，交点作为坐标原点（高斯平面直角坐标系）；②以等角投影为条件，投影后无角度变形；③中央子午线投影无长度变形。

采用高斯直角坐标来表示地面上某点的位置时，需要通过比较复杂的数学（投影）计算才能求得该地面点在高斯投影平面上的坐标值。

第二章 测绘地理信息新技术

信息化测绘新技术是现代测绘科学技术与其他学科技术融合交叉发展而成的，提高了空间地学在动态和静态条件下的时效性，满足了社会对地理空间信息服务提出的精细化、精确化、真实化、智能化等新需求。从技术角度和测绘作业模式来说，信息化测绘新技术主要包括卫星遥感技术、航空摄影技术、三维激光扫描技术、北斗卫星导航定位技术，以及地理信息处理、挖掘分析和可视化技术等。卫星遥感技术可快速连续获取大范围地球表面信息，具有高空间分辨率、高光谱、多波段、多角度观测等优点，已经在军事勘察和民用监测等方面得到广泛和深入的应用。大面阵数字航空摄影和倾斜航空摄影的互补，能够更加真实地反映地物的实际情况，并对地物进行精确量测，在城市三维重建、应急指挥、市政管理等方面发挥着巨大的技术优势。无人机测绘具有低成本、灵活控制、大比例尺航测等优点，成为低空摄影测量最快捷高效的数据获取手段之一，具有广阔的应用前景。三维激光扫描技术由全球导航卫星系统、惯性测量装置、激光扫描仪和CCD相机等多种传感器集合而成，可以获取高密度、高精度的点云数据的三维坐标、反射率、纹理等信息，测距精度可达到毫米或厘米级，同时具有受天气影响少、获取周期短等优点，成为地形测绘中一种重要的技术手段。北斗卫星导航系统创新融合了导航与通信能力，具有实时导航、快速定位、精确授时、位置报告和短报文通信服务五大功能。采用北斗卫星导航定位技术可以在服务区域内任何时间、任何地点，为用户提供连续、稳定、可靠的精确时空信息。大数据时代驱使着地理信息技术发生变革，随着移动互联网、物联网、大数据、云计算、人工智能等新兴技术的发展，地理信息系统对这些新兴技术进行引入与融合创新，在地理信息数据处理、挖掘分析、数据呈现与可视化等多个环节进行技术突破，以达到提高地理信息数据利用水平、发掘更高地理价值的目标。信息化测绘新技术的发展，可以有效促进地理信息产业的实时化、自动化、社会化。

第一节 卫星遥感

一、遥感及卫星遥感的内涵

遥感是利用对电磁波信息敏感的传感器，在非接触条件下，对目标地物进行探测，获取其反射、辐射或散射的电磁波信息（如电场、磁场、电磁波、地震波等），并进行提取、判定、加工处理、分析与应用的一门科学和技术。遥感成像是一个十分复杂的过程，电磁波从辐射源到传感器的传输过程中，与大气、地表相互作用后，被传感器接收并记录，这些记录着地物目标反射、辐射、散射的电磁辐射强度与性质变化的信号即为遥感影像数据。根据遥感传感器所在平台的不同，可以把遥感分为地面遥感、航空遥感、航天遥感等不同类型。其中，航天遥感以人造卫星为平台，又称为卫星遥感。卫星遥感是一门集空间、电子、光学、计算机通信和地学等学科知识为一体的综合性探测技术。根据探测电磁波的波长的不同，卫星遥感分为微波遥感和可见光-红外遥感。可见光-红外遥感不仅具有覆盖范围广、观测周期短、更新速度快等优点，还提供丰富的空间、纹理、色彩等信息。与可见光-红外遥感相比，微波遥感具有全天时、全天候的观测能力。两者的相互补充，为城市管理、资源环境监测、测绘制图等提供准确、及时、可靠的地理信息。

20世纪90年代，国家测绘局在原有测绘产品的基础上，提出了新的测绘产品模式，即4D产品，包括数字线划图、数字高程模型、数字栅格图、数字正射影像图，卫星遥感影像是4D产品特别是数字正射影像图制作的重要数据源。面对当今测绘事业发展的新形势和新需求，必须加快信息化测绘体系建设，推进测绘信息化进程，为经济社会发展提供可靠、适用、及时的测绘保障。卫星遥感数据是信息化测绘的重要数据源之一，其中微波遥感卫星和可见光-红外遥感卫星获取的遥感数据已被广泛应用。为满足地理信息精细化、实时化的发展需求，国内外遥感卫星正进一步向高空间分辨率、高光谱分辨率、短重访周期的特点发展。相较于传统的信息获取手段，卫星遥感不仅能获得更广泛和海量的数据资源，在数据的可靠性和准确性方面更是有了质的飞跃，而且这些数据的获取是建立在效率更高、成本更低的基础之上，为决策部门的工作带来了前所未有的高效和便利。

卫星遥感可以及时获取高分辨率影像，为更新各种比例尺基础地理信息、建立和维护国家基础地理信息系统服务提供有力保障。卫星遥感技术是信息化测绘新技术发展中的重要组成部分。目前，在测绘方面的应用主要有：城市规划、土地利用和管理，城市化及荒漠化监测，道路、建筑工程的设计、选址，测绘及资源环境大比例尺遥感制图等。

二、星载合成孔径雷达测量技术

合成孔径雷达（Synthetic Aperture Radar，SAR）技术的基本思想是利用一根小天线沿一条直线方向不断移动，移动过程中在每个位置上发射一个信号，天线接收相应发射位置的回波信号并存储，存储时必须同时保存接收信号的振幅和相位。当天线移动一段距离S后，存储的信号与长度为S的天线阵列单元所接收的信号非常相似，对记录的信号进行光学相关处理得到地面的实际影像。合成孔径雷达通常安装在飞机或卫星上，分为机载和星载两种。

合成孔径雷达是一种主动式微波成像传感器，为侧视成像系统，能在距离向和方位向上同时获得二维高分辨率影像。与光学遥感相比，该技术的特点是：不受光照和气候等条件的限制，能全天时、全天候工作，可以透过一定厚度的地表或植被获取其掩盖的信息，其获得的图像能够反映目标的微波散射特性。星载合成孔径雷达在民用领域主要应用于国土资源监管、海洋溢油监测、农作物估产、地质勘查、灾害监测等。星载合成孔径雷达影像在军事测绘和军事侦察领域也得到了广泛应用，主要用于快速制作和修测境外地图，为现代战争提供测绘保障。利用星载合成孔径雷达影像还可查明全球范围内主要战略目标的部署、监视重要目标、评估战场打击效果，为现代战争提供高时效信息。

根据功能和使命的不同，地球微波遥感探测卫星可划分为 L、S、C、X 等多种频段，L、S、C、X 频段的波长逐渐减小，波长越长，穿透力越强。2016 年 8 月 10 日，我国发射了首颗分辨率达到 1m 的 C 频段多极化合成孔径雷达成像卫星——高分三号，C 频段对海洋环境和目标的探测最具优势。该卫星具有高分辨率、大成像幅宽、多成像模式、长寿命运行等特点，可在聚束、条带、扫描、波浪、全球观测、高低入射角等 12 种成像模式之间自由变换，是目前世界上成像模式最多的合成孔径雷达卫星。

近年来，随着卫星遥感的不断发展，星载合成孔径雷达技术在扫描带宽、重访周期、载荷重量、作业模式等方面都得到了不同程度的改进，为测绘领域资源调查监测等工作提供了新的技术和方法。星载合成孔径雷达技术目前主要有以下四方面的发展：

（一）宽幅星载合成孔径雷达干涉测量

宽幅星载合成孔径雷达具有 45km、75km、100km、150km、300km 和 500km 等不同辐射宽度的成像能力，相对于常规干涉测量而言分辨率较低，但具有扫描带宽较宽和重访周期较短的优点，其扫描宽度一般为常规模式的 3～5 倍。宽幅星载合成孔径雷达干涉测量是利用合成孔径雷达卫星多条带同步扫描模式观测地表来获取几何信息的，具有宽幅成像能力，能够快速了解宏观信息，多用于土地使用情况调查、海洋监视、冰川观测、洪水灾害监测等。目前，宽幅星载合成孔径雷达干涉测量技术已成为地质灾害监测的一种重要技术手段。

（二）多基星载合成孔径雷达技术

发射机和接收机分别被安装在不同卫星平台上的合成孔径雷达系统被称为多基星载合成孔径雷达。通过灵活配置发射机和接收机的相对位置，该系统相较于单基星载合成孔径雷达，具有隐蔽性好、抗干扰能力强、获取的信息可靠、丰富等优势，具体功能包括实现运动目标检测、通过干涉获得较高的高程测量精度、实现多种平台系统成像、提高成像分辨率等。多基星载合成孔径雷达是合成孔径雷达发展的一个重要方向，可通过天、空、地基相结合和高、中、低分辨率互补，形成时空协调的多基对地观测系统，主要应用在土地利用和管理、农作物监测、土壤制图等方面。

（三）多极化星载合成孔径雷达技术

单极化星载合成孔径雷达只能从一个角度提供地物一个方面的信息，多极化星载合成孔径雷达是一种多参数、多通道的微波成像雷达系统，而全极化星载合成孔径雷达技术难度最大，因为无论单极化还是多极化的星载合成孔径雷达系统获取的都是部分极化信息，而全极化星载合成孔径雷达系统包含同极化、交叉极化在内的所有极化信息，可以全面反映目标地物的物理特性。多极化星载合成孔径雷达利用电磁波的全矢量特性，能够获取目标的极化散射回波信息（回波幅度、相位特性等）。由于目标的介电常数、物理特征、几何形状等对电磁波的极化方式比较敏感，因而与单极化星载合成孔径雷达相比，多极化星载合成孔径雷达技术可以大大地提高合成孔径雷达获取目标信息的能力，对海洋生物、地表植被和地物分类的研究有着十分重要的意义。

（四）多模式星载合成孔径雷达技术

早期的星载合成孔径雷达一般只具有基本的单极化条带模式，随着卫星遥感的发展，现阶段的星载合成孔径雷达已可实现多模式工作。多模式星载合成孔径雷达指除了常规条带成像模式以外，还可在扫描、聚束等成像模式下工作。多模式星载合成孔径雷达可根据对测绘带宽和分辨率的不同需求，在传统条带、扫描、聚束、滑动聚束等模式之间切换（如高分三号）。虽然并没有从根本上解决传统星载合成孔径雷达系统分辨率与测绘带宽之间的固有矛盾，但多模式星载合成孔径雷达使得同一个星载合成孔径雷达系统能够完成不同的测绘工作，提升了星载合成孔径雷达系统的测绘能力。

三、高分辨率卫星遥感测图技术

一般来说，卫星遥感图像有三种属性的分辨率，分别为：空间分辨率，指像元所代表的地面范围的大小，即扫描仪的瞬时视场，或地面物体能分辨的最小单元；光谱分辨率，指传感器在接收目标辐射的光谱时能分辨的最小波长间隔，间隔越小，分辨率越高；辐射分辨率，指传感器接收波谱信号时，能分辨的最小辐射度差及时间分辨率，指对同一地点进行遥感采样的时间间隔，也称重访周期。就目前行业发展来看，高分辨率卫星技术更能满足精细化实用的要求。

相对于传统的航空影像资料，高分辨率卫星遥感影像在测绘应用中的优势主要表现为：影像分辨率高、获取周期短、影像覆盖范围大，可以不受地区限制全天候地获取影像，只须提供目标区域的经纬度范围、所需数据时相和数据类型即可，处理较为便捷。高分辨率卫星遥感影像对控制点的使用较少，能充分满足测绘制图精度方面的要求，在一定程度上减少了外业控制测量的总体工作量，为遥感影像在地形测绘生产中的应用奠定了重要基础，最终为生产、更新中小比例尺地形图提供了新的思路与技术途径。

此外，SPOT5为法国SPOT系列卫星的第五颗卫星，其空间分辨率最高可达2.5m，而且可以提供丰富的纹理信息。该卫星遥感影像可进行1∶1万地形图的修测及更新，具有价格低、工作量少、易于操作的优点，但是对于一些单独地物难以进行判断。

我国于2013年成功发射高分一号卫星，其全色分辨率（黑白分辨率）为2m，多光谱分辨率（彩色分辨率）为8m。2014年8月19日成功发射了高分二号卫星，该卫星携带了全色分辨率为0.8m、多光谱分辨率为3.2m的高分辨率相机，位于高度为600～630km、轨道倾角为98°的太阳同步轨道上。2015年12月在西昌卫星发射中心发射了中国首颗地球同步轨道高分辨率遥感卫星——高分四号卫星，运行于距地36000km的地球静止轨道上，其可见光和多光谱分辨率优于50m，红外谱段分辨率优于400m，与此前发射的运行于低轨的高分一号卫星、高分二号卫星组成星座，具备高时间分辨率和较高空间分辨率的优点。我国高分系列卫星具有成像幅宽大的特点和高空间分辨率的优点，两者相结合既能实现大范围普查，又能详查特定区域。随着我国遥感卫星的不断发展，高分系列卫星将为测绘等领域提供高质量的遥感影像数据，可用于国土资源调查、地形图绘制等工作。

随着国内外卫星遥感影像（如SPOT5、IKONOS、Quick Bird）空间分辨率的不断提高，卫星遥感影像数据为土地利用变更调查提供了新的资料源。卫星遥感影像能真实反映城市用地现状，在2.5m级以上分辨率的卫星遥感影像上，耕地、林地、建设用地、水域等地类界线清晰、城市道路明显、地类变化状况容易判读，这使得利用卫星遥感影像快速更新土地利用现状图成为可能。该项工作流程主要包括前期准备、城市最新资料收集、外业实地调查、城市卫星影像数据的购买和软件的准备、地面控制点数据的采集、需要更新的城市地图和地形图的扫描、遥感影像预处理（几何校正、图像融合等），最后将融合图像与城市数字地图叠加，更新土地利用数据库等。

利用高分辨率卫星遥感影像对土地利用现状进行调查统计，其结果满足城市分区规划对土地利用现状的需要。除此之外，卫星遥感影像立体测图技术在测绘行业也得到广泛应用，具体流程为：首先，将SPOT5、JKONOS等高分辨率遥感影像作为数据源，利用有理多项式进行立体模型定向；其次，采用全数字测图系统进行三维产品生产；最后，通过外业实地检测评估立体模型定向精度及三维产品精度。这种方法最大限度地缩短了野外作业时间，提高了测图效率，改变了传统生产模式，其研究成果符合测绘生产相关图式、规范、技术标准和设计要求。

除了以上应用外，高分辨率遥感影像因具有高分辨率、实时性、可动态监测的优点而被应用在灾害监测工作中。利用高分辨率卫星遥感技术，能够第一时间获得准确的地面信息，该技术曾在"5·12"四川汶川大地震中发挥了巨大的作用，为灾区重建和人员搜救做出了贡献。

随着遥感卫星往更高分辨率、更多样化的作业模式、更短重访周期的方向发展，卫星遥感技术在测绘领域也将有越来越广泛的应用，为当代信息化测绘行业提供准确高效的数据源。

四、卫星影像处理新技术

近年来，得益于遥感对地观测平台的高速发展，遥感影像数据源日益丰富、分辨率越来越高、数据量急剧膨胀。硬件平台的客观发展及需求的不断深化共同催生了遥感影像处理技术的革新，主要体现为在提高数据精度的基础上不断追求更快的处理效率、更智能的工作流及更丰富的成果集。在这种大背景下，各具特色的新算法、新技术便应运而生。

典型的卫星影像处理算法已日趋成熟，随着卫星种类越来越丰富、数据量越来越大，当前的技术热点是结合并行处理思想与具体的应用需求，提高卫星影像处理效率，并提供多样化的处理策略，以满足不同的任务需求。目前，主流的卫星影像处理软件均支持协同并行处理。在处理策略的选择上，一些软件（如PCIGXL）可选择不同的区域网平差策略，在影像初始有理多项式系数（Rational Polynomial Coefficients，RPC）精度不高的情况下，仍能通过所匹配的控制点保障平差精度；一些软件（如DP Grid）利用卫星的严密成像模型，从源头提高影像的姿态和位置精度；一些软件（如RSONE-X）则根据突发事件应急响应的具体需求，提供全自动化处理工作流，保障特殊情况下的高时效性。

卫星遥感影像分为全色和多光谱两种数据。全色影像即常说的黑白影像；多光谱影像即常说的彩色影像，一般具有三个以上波段。目前，大多数遥感卫星都有全色和多光谱数据，可采用两种处理流程：一是全色与多光谱数据配准精度高者，先融合再纠正；二是全色与多光谱数据配准精度差者，先纠正全色数据，然后将多光谱数据与全色数据进行配准，再进行融合处理。最后对融合后的影像进行影像镶嵌、调色和成果裁切。

（一）卫星遥感影像纠正处理

为了降低对用户专业水平的需求，扩大用户范围，同时保护卫星的核心技术参数不被泄露，绝大部分卫星数据向用户提供一种与传感器无关的通用型成像几何模型——有理多项式模型，替代以共线条件为基础的严格几何模型。有理多项式模型的建立采用"独立于地形"的方式，即首先利用星载GPS测定的卫星轨道参数及恒星相机、惯性测量单元测定的姿态参数建立严格几何模型；之后利用严格几何模型生成大量均匀分布的虚拟地面控制点，再利用这些控制点计算有理多项式模型参数，其实质是利用有理多项式模型拟合严格几何成像模型。

纠正控制资料一般有外业控制点、数字正射影像图、数字线划图或者数字栅格图数据，纠正前一定要明确控制资料的坐标系统，通过有理多项式模型参数与控制资料的相关投影关系，可实现控制点的快速准确定位。其中误差须控制在 2 ~ 3 个像元以内，若较大，则须调整，具体根据参考资料及地形差异确定。若为全色与多光谱配准，精度则控制在 0.5 ~ 1 个像元内，才能保证融合后影像不会有重影、模糊的现象。重采样方法一般选择双立方或者三次卷积，避免和减少线性地物锯齿现象的发生。

卫星遥感影像纠正质量关系到后续工作处理和成果的精度。例如，最后才发现纠正有问题，再进行返工处理会极大降低效率，因此一定要对纠正质量进行严格检查。纠正质量检查主要包括：①控制点定位是否准确，分布是否均匀；②纠正控制点单点最大误差是否超限；③纠正控制点残差中误差是否超限；④纠正影像精度是否超限。

（二）卫星遥感影像融合处理

遥感影像融合是对同一环境或对象的遥感影像数据进行综合处理的方法和工具，产生比单一影像更精确、更完全、更可靠的估计和判读，提供满足某种应用的高质量信息，作用主要有：①锐化影像、提高空间分辨率；②克服目标提取与识别中的数据不完整性，提高解译能力；③提高光谱分辨率，用于改善分类精度；④利用光学、热红外和微波等成像传感器的互补性，提高监测能力。

遥感影像融合一般可分为像元级、特征级和决策级。像元级融合是指将配准后的影像对像元点直接进行融合。优点是保留了尽可能多的信息，具有较高精度；缺点是处理信息量大、费时、实时性差。由于像元级融合是基于最原始的影像数据，能更多地保留影像原有的真实感，提供其他融合层次所不能提供的细微信息，因而应用广泛。本书推荐使用 Pansharping（Panchromatic Image Sharping）融合算法，它能最大限度地保留多光谱影像的颜色信息和全色影像的空间信息，融合后的影像更接近实际。

遥感影像融合质量检查的内容主要有：①融合影像是否有重影、模糊等现象；②融合影像是否色调均匀、反差适中；③融合影像纹理是否清楚；④波段组合后影像色彩是否接近自然真彩色或所需要的色彩。

（三）卫星遥感影像镶嵌和裁切

卫星遥感影像镶嵌是把不同景纠正融合后的成果合并，镶嵌时要保证镶嵌前各景影像接边精度符合要求，一般为 2 个像元以内。镶嵌线应尽量沿线状地物、地块边界，以及空旷处、山谷地带选取，避免切割完整的地物，并尽量舍弃云雾及其他质量相对较差区域的影像；镶嵌线羽化时，须保证镶嵌处无裂缝、模糊、重影现象，镶嵌影像整体纹理、色彩自然过渡，色调均一。镶嵌调色完成后按裁切范围将成果输出。

第二节　航空摄影测量

　　航空摄影测量作为基础测绘手段之一，能够快速获取和更新地理空间信息，在测绘领域中有着十分重要的作用。传统的航空摄影测量一般采用有人机作为载体，成本高，成像范围小，测图周期长，对天气的依赖性强，难以保证测绘数据生产的实时需求。随着我国科学技术和信息化建设的不断发展，大面阵数字航空摄影测量技术和倾斜摄影测量技术的出现使用户能够获取更丰富的地理信息和纹理信息。其中，大面阵数字航空摄影能够快速获取高分辨率的大幅面影像，实现大比例尺成图。倾斜摄影测量从多个角度观测地物，能更加真实地反映地物的实际情况，并对地物进行精确的量测，降低城市三维建模成本。而无人机平台具有低成本、分辨率高、影像实时传输、机动灵活、可进行高危地区探测的优点，使无人机低空航摄的广泛应用成为必然趋势。

一、大面阵数字摄影测量技术

　　与传统的航空胶片相机相比，航空数码相机具有成本低、效率高、处理便捷、环境适应能力强、中途影像损失少等优点，这使得摄影测量的传感器的选择逐渐偏向数码相机。随着探测器制造技术的发展，航测数码相机（特别是面阵型航测数码相机）得到了快速的发展。但是，在进行大比例尺测图时，现在的单台CCD面阵相机还无法取代传统的胶片相机，所以一般采用几台CCD面阵相机进行集成，组成较大面阵，以增大相机视场角来增加相机的成像像幅，从而能直接生产高分辨率的大幅面影像。

　　多相机组合拼接是将多个相机镜头安装在同一平台上，集成数字罗盘、GNSS接收机和自动控制系统，形成大面阵数字航空摄影仪，经过相机检校和影像拼接，获取大范围地面覆盖度拼接影像。相对于传统的航空胶片相机，多拼相机具有镜头视场角大、基高比高、几何精度高、体积小、重量轻等优点。目前，多相机组合拼接主要有同步-交向摄影方式型和同地-直向摄影方式型两种方案。例如，四维远见公司推出的SWDC系列和Z/I Imaging公司生产的DMC相机属于同步-交向摄影方式型，Microsoft VEXCEL公司生产的UltraCamXp相机属于同地-直向摄影方式型。

（一）同步–交向摄影方式型

　　同步-交向摄影方式型航空数码相机通过对每个镜头倾斜适当的角度来保证获取的影像数据有一定重叠度，摄影时多个镜头曝光时间必须严格一致，否则将会产生较大像移。

　　1. SWDC-4航摄仪

　　SWDC-4航摄仪有4台独立的非量测CCD面阵相机，其倾斜一定角度呈2行2列均匀分布，通过校正交向摄影得到的子影像得到水平像片，再利用各水平像片间的同名像点建立影像间的位置变换关系式，并精确求解各影像间的相对位置关系，最后利用各水平像片合成一个大像幅的虚拟影像。SWDC-4航摄仪相对于进口航空数码相机和传统胶片航摄仪而言，具有体积小、重量轻、可更换相机镜头（焦距）等特点，不仅可以安置在大飞机上，还可以安置在轻小型飞机上。传统胶片航测的平面精度较高，但基高比小，导致航测的高程精度较低，很难开展高精度的大比例尺地形测绘，而SDWC-4航摄仪则具有可变焦距、基高比大、高程精度高的优势。

2. DMC航摄仪

DMC航摄仪采用4个全色镜头和4个多光谱镜头（近红外、红、绿、蓝）对地面进行航测。其中，4个全色镜头倾斜一定角度（10°和20°）呈2行2列均匀分布，4个多光谱镜头按照一定角度对称安装于全色镜头的两侧，其位置及角度使每一幅单色影像与预处理后的完整全色影像具有相同的覆盖度。对采集的高分辨率全色影像与单色影像进行融合处理，能得到高质量的彩色航测影像，具有分辨率高、光圈较大、畸变较小、同质的视场响应等特点。

（二）同地 – 直向摄影方式型

同地-直向摄影方式型相机的所有子镜头都是等间距顺序排列的，进行垂直摄影，且所有镜头几乎是在相同姿态、相同位置下曝光。子镜头在时间的精确控制下，按顺序依次曝光。

Microsoft VEXCEL公司生产的UltraCamXp相机采用4个全色镜头和4个多光谱镜头（近红外、红、绿、蓝）对地面进行航测，每次全色镜头拍摄的影像都有一定的重合区域，通过对8台CCD相机生成的全色影像重叠部分进行配准，消除曝光时间误差的影响，生成一幅完整的中心投影全色影像。对高分辨率全色影像与拥有相同覆盖范围的单色影像进行融合处理，得到高质量的彩色航测影像，这种对匹配点进行验证的方式避免了影像处理后的内容失真。

二、倾斜摄影测量技术

传统的航空摄影测量一般采用有人机搭载专业的航测仪获取垂直方向的影像序列，最终生成平面的正射影像图，主要对地形地物的顶部进行量测，而对起伏较大的地形地物的几何结构和侧面纹理等三维信息的获取则十分有限。倾斜摄影测量技术改变了传统航空摄影测量只能从垂直角度拍摄的局限性，其原理是在同一平台上搭载五台固定安装在不同角度的数码相机，相机在空中同时定点曝光，从五个方向（垂直、左视、右视、前视、后视）对地物进行拍摄，同时记录坐标、航速、航高、旁向重叠和航向重叠等参数，再通过内业数据处理的几何校正、平差、多视影像匹配等一系列的处理得到具有地物全方位信息的数据。影像上包含丰富的建筑物顶面及侧面的纹理和结构信息，可在具有重叠区域的几组影像中选择最为清晰的一幅影像进行纹理制作，提供客观直接的实景信息。此外，相较于传统摄影测量，倾斜摄影测量可生成真正射影像图（True Digital Ortho Map, TDOM）。真正射影像图是基于数字表面模型对整个测区进行影像重采样，利用数字微分纠正技术纠正原始影像的几何变形获得的。目前，国内外相继推出了倾斜摄影仪，其中主流的倾斜摄影相机包括徕卡RCD30、SWDC-5倾斜摄影仪等。

倾斜摄影测量的外业相对简单，与传统的摄影测量几乎一样，其出成果的关键是内业数据处理软件，目前常用的倾斜摄影测量内业数据处理软件主要有Smart3D、街景工厂、Photo Mesh等。

倾斜摄影测量的范围大、精度高，可以快速采集影像数据，客观反映地形地物的真实情况，并能够对地物进行量测，还能够通过融合和建模技术生成三维城市模型，有效降低三维建模的生产周期和成本，其成果数据模型真实，能使人们获得身临其境的体验。目前，倾斜摄影测量在欧美等发达国家已广泛应用于城市管理、应急指挥、国土安全等领域。在我国，倾斜摄影测量在实景三维重建方面的应用比较成熟。

（一）倾斜摄影测量关键技术

1.多视影像自动空中三角测量

多视影像平差需要考虑影像的几何形变和遮挡关系，采取图像金字塔匹配策略，结合外方位元素，在每级影像上进行同名点自动匹配去除对比度低的点和不稳定的边缘点，再进行自由网平差，剔除残差大的粗差点，得到较好的同名点匹配结果。同时，建立多视影像自检校区域网平差的误差方程，确保平差结果的精度。

2.多视影像密集匹配

多视影像具有成像范围广、重叠度高等特点。因此，多视影像匹配的关键是在匹配过程中如何充分考虑冗余信息，准确快速地获取多视影像上同名点的坐标，进而获取地物的三维信息。近年来，随着计算机视觉的发展，多视影像匹配的研究已取得了很大进展。例如，房屋屋顶的提取，可先通过搜索多视影像上房屋边缘、屋檐和顶部纹理等信息得到二维的矢量特征数据集，再根据其不同视角的二维特征获取房屋屋顶的三维信息。

3.倾斜影像拼接

在拼接倾斜影像前，需要先建立虚拟影像，选择视野范围内的倾斜影像像元，并反投影到虚拟影像上。由于存在多张影像覆盖同一地物的问题，选择影像时需要考虑该像元地面对应点到倾斜影像间的距离、地面点到虚拟影像透视中心的光线，以及地面点到影像透视中心的光线夹角。建立虚拟影像后，再减小影像上地物的重影效应，在平坦地区进行拼接，并在拼接处密集匹配生成数字表面模型。

4.生成真正射影像图

在数字表面模型的基础上，根据连续地形和离散地物的几何特征，在多视影像上进行面片拟合、影像分割、纹理聚类、边缘提取等处理，根据联合平差和密集匹配的处理结果，建立像方和物方之间的同名点对应关系，然后进行全局优化采样，并考虑几何辐射特性进行纠正，整体进行匀光处理，实现多视影像的真正射纠正，生成真正射影像图。

（二）行业应用

倾斜摄影测量主要应用于城市三维建模，结合数字线划图可自动提取地面建筑，并快速建立初步具备建筑物外框等信息的白模，然后通过对影像细部的具体分析，构建建筑的阳台、老虎窗、屋顶、门斗等细部信息，合成精细的白模。在城市建设管理方面，通过基于倾斜摄影测量的三维自动建模技术获取的实景三维模型，可以对比一段时间前后建筑物平面和高度变化，统计并分析建筑物的变化和增量，让违法建筑的采集和统计更加全面客观。在旅游业方面，通过景区三维实景展示，游客可以了解景区的真实面貌，可根据喜好选择观光景点。例如，应用倾斜摄影测量技术获取了整个张家界武陵源景区图，面积达160km^2。

倾斜摄影测量能够广泛应用于城市规划、建筑建设与管理等各个方面，在城市公共安全与应急反恐方面也具有极其重要的价值。例如，美国军方利用倾斜摄影测量迅速获取了五角大楼周边影像，了解现场情况后及时制订了合理的应急执行方案。目前，倾斜摄影测量在美国警方工作中得到了普及应用，帮助了解最细致的案发地情况，以便进行合理指挥。这样不但提高了执行效率，而且提高了救助的安全性。

三、无人机平台

目前，卫星遥感技术和有人机航测遥感技术已经十分成熟，但在实时为社会提供信息方面仍存在不足。例如，一颗卫星在某一时刻经过某一地区的顶部，1小时后此地区发生紧急事件，这颗已过顶的卫星数据就无法利用。如果发生紧急事件的地区天气情况恶劣，有人机的使用也将受到限制。无人机是一种在一定范围内由无线设备控制操作或计算机预编程序自主控制飞行的无人驾驶飞机。相较于卫星遥感，无人机能够自由使用，不受轨道的约束且没有固定的过顶时间。相较于有人机，无人机受天气影响较小，在阴天也能进行航拍工作，机身灵活，受空域限制小，能够随时起飞，可以快速获取和更新数据。无人机除了上述优势外，还具有成本低、易于携带与转移的特点，当今对无人机平台的研究已经成为热点之一。

（一）无人机分类

随着航测技术的发展，人们对实景三维模型的分辨率、纹理、颜色提出了更高的要求。由于无人机的飞行高度相对较低，倾斜航拍设备拍摄的影像分辨率高、纹理清晰、颜色真实，能够提高所构建的三维模型的质量。无人机种类繁多，按动力可分为太阳能无人机、燃油无人机和燃料电池无人机；按功能可分为军用无人机、民用无人机和消费型无人机；按飞行器重量可以分为微型无人机、小型无人机、中型无人机和大型无人机；按结构可分为固定翼无人机、多旋翼无人机、直升无人机和复合式无人机。

1.固定翼无人机

固定翼无人机是指由动力装置产生前进的推力或拉力，由机身的固定机翼产生升力的无人机。固定翼无人机飞行距离长、飞行高度高，可设置航线自动飞行，并自动按预设回收点坐标降落。但是它不能在某处高空悬停获取连续影像，只能按照固定航线飞行，并且使用前需要进行专业培训。固定翼无人机适合远距离的连续工作，如军用侦察、电力巡线、航拍、测绘等。

2.多旋翼无人机

多旋翼无人机是一种具有三个以上旋翼轴的无人驾驶飞机，且旋翼的间距固定。每个轴通过电动机转动来带动旋翼转动产生升推力，通过改变旋翼间的相对转速来改变单轴推力的大小，从而控制飞行轨迹。多旋翼无人机工作时不需要跑道，可以垂直起降，并且起飞后可在空中悬停，安全性高，适合需要悬停的工作，如影视航拍及电力跨线作业等。但是，多旋翼无人机的飞行时间与飞行距离短，且载重量小，一般不超过10kg。

3.无人直升机

无人直升机主要由机体、旋翼、尾桨、传动系统设备等组成，不需要发射系统，可以在小面积场地做垂直起降，在空中悬停。其突出特点是能够做各种速度、各种高度的航路飞行，在飞行过程中噪声较小，可靠性比较高。实际应用中，直升机主要用于观光旅游、灾害救援、消防、商务运输、通信与探测资源等方面。

在测绘领域中可根据不同制图需求选择不同结构类型的无人机。

（二）无人机在测绘领域中的应用

目前，无人机主要通过搭载数码相机进行小范围大比例尺的测绘地形图生产。无人机测绘成图指数字正射影像图的生产，通过空中三角测量和几何校正等处理，得到地理坐标系下的多张小幅面影像图，然后对这些影像进行配准和融合，处理拼接成大范围的影像，再按照标准图幅范围裁切，可得到数字正射影像图。此外，通过无人机航摄，还可以快速获取测区的详细情况，能应用于土地利用动态变化检测和覆盖图更新等领域。其中，高分辨率无人机航空影像还可应用于区域规划等。

随着数码相机和自动驾驶技术的发展，国内无人机测绘技术已逐步达到世界先进水平。随着传感器类型的发展和市场需求的扩大，无人机平台将针对不同地形、不同任务的需求，增强其通用性，提高综合传感器的集成度，向系列化、智能化、低成本、轻小型化发展。

四、航空摄影遥感数据处理

在航空影像处理方面，随着航空影像分辨率越来越高，幅面越来越大，传统的影像匹配效率亟须提升。典型的解决思路是基于多线程并行计算，充分利用CPU平台存储空间优势和GPU平台核心数优势。除了使用并行计算外，影像匹配的算法优化是当前的研究热点与技术难点。基于多基线的影像匹配技术（如Pixel Grid、Pixel Factory等）可大大提高海量高分辨率航空影像批处理效率。基于广义点摄影测量理论的中低空影像智能处理技术，利用多特征多测度解决高可靠性匹配（如DP Grid），可显著降低同名点的误匹配率。近年来，结合计算机视觉和并行处理思想，倾斜影像处理的新技术蓬勃发展，一些典型技术包括不需要任何初始位置姿态信息的全自动航线恢复、自由飞行模式下影像智能匹配、大扰动非常规无人机遥感影像区域网平差、密集匹配生成三维点云、多机多核CPU及GPU并行处理等。目前，主流的倾斜影像处理软件均结合了计算机视觉和并行处理思想，在保证成果精度的前提下追求更高的效率。在未来，随着倾斜摄影测量的发展，测绘产品的应用需求将越来越广阔，遥感影像处理技术会进一步向集成化、自动化、智能化方向发展。下面以低空遥感为例，介绍其数据处理流程。

（一）影像匹配

影像匹配作为数字摄影测量自动化中最关键的一环，其匹配的精确度、可靠性和速度从某种程度上说直接影响着数字摄影测量自动化的程度。目前，按匹配基元，影像匹配可分为基于灰度的影像匹配和基于特征的影像匹配。基于灰度的影像匹配是理论最成熟且应用最广的算法，它是以左、右像片上含有相应影像的目标区和搜索区中的像元的灰度作为影像匹配的基础，利用某种相关测度，如协方差或相关系数最大来判定左、右影像中相应像点是不是同名点。基于灰度的影像匹配具有算法简单、容易操作的特点，但运用该算法时，若同名点位于低反差区域，则局部窗口影像的信息贫乏、信噪比小，会造成匹配的成功率不高。基于特征的影像匹配首先对要处理的影像运用某些算法提取出影像的特征（这些特征主要包括点、线、面），然后利用一组参数对这些特征进行描述，并利用参数进行基于特征的影像匹配。基于特征的影像匹配较基于灰度的影像匹配具有算法灵活、适应性强等特点，能较好地解决影像变形、旋转等问题对影像匹配的影响。

（二）遥感影像空三处理

空中三角测量量测的是像片上像点坐标，以少量的地面控制点为平差条件，在计算机上解求影像的定向元素和测图所需的控制点坐标。这样就可以把大量的野外控制测量工作转移到室内完成，不仅提高了效率，还缩短了航测成图的时间。空中三角测量按数据模型分可分为航带法空中三角测量、独立模型法空中三角测量和光束法空中三角测量。航带法是利用相对定向和模型连接将航带内的立体模型建成自由航带网模型，然后利用控制点条件，按最小二乘原理进行平差，消除航带网模型的系统变形，从而求得各加密点的地面坐标。独立模型法是将各单元模型视为刚体，利用各模型间的公共点，通过模型的旋转、缩放和平移将各模型连接成一个区域，然后利用各模型间的公共点坐标相等、控制点内业坐标与地面坐标相等的条件，使模型连接点上的残差平方和最小。光束法是以一个摄影光束为平差计算单元，以像点坐标为观测值，利用共线方程解求定向元素和控制点坐标。在这三种方法中，光束法是以每幅影像为单元并且以像点坐标为原始观测值，所以它的理论最严密，精度最高。

基于定位测姿系统的区域网空中三角测量是利用安装于飞机上与航摄仪相连的定位测姿系统测定像片外方位元素，然后将其视为带权观测值代入光束法区域网平差中，这种区域网平差的方法就叫定位测姿系统辅助光束法区域网平差。定位测姿系统辅助光束法区域网平差是采用统一的数学模型，整体确定面目标点位和像片方位元素，并对其质量进行评定的理论、技术和方法。

（三）三维立体模型生成方法

利用上节中所述方法获得影像的外方位元素后，可以通过本节提出的影像匹配方法，对相邻的两幅影像进行匹配。当匹配出大量的同名点后，可利用前方交会的方法求出地面点三维坐标，并通过这些地面点生成数字高程模型。数字高程模型的表示方式有规则格网和不规则三角网两种。

在生成数字高程模型后，可以利用其纠正数字正射影像图。在数字摄影测量中生成正射影像图的方法也叫影像的数字微分纠正，它是逐点进行的，因此具有较高的影像精度。目前，影像数字微分纠正主要有正解法和反解法两种。

结合增量式三维重建算法与点云加密算法，利用多视图光束法平差法生成基于尺度不变特征变换（Scale-Invariant Feature Transform，SIFT）的特征点辅助信息的三维立体重建模型。

（四）倾斜摄影自动化建模成果的数据组织和单体化

倾斜模型的一个突出特点就是数据量庞大，这是由其技术机制、高精度、对地表全覆盖的真实影像所决定的。层次细节模型在一定程度上可以承载海量的倾斜模型数据，并保证快速加载和流畅渲染。当屏幕视角距离某个地物近时，软件自动调用最清晰层的数据；当屏幕视角远离该地物时，则自动切换为模糊层的数据。由于人眼本来就无法看清远处的数据，因此这样做并不影响视觉效果。例如，影像金字塔、地图分比例尺切图等，都采用此方式。对于手工建模的模型，一般是通过三维地理信息系统平台自行计算出多层层次细节模型，并处理其远近距离的切换关系。而对于倾斜模型，由于其技术原理是先计算稠密点云，经过简化后再构建不规则三角网，因此在数据生产的过程中，就能通过不同的简化比例得到数据层次细节模型，而不再需要地理信息系统平台进行计算。数据生产过程中计算的层次细节模型效果是最佳的。也正因为如此，无论是街景工厂还是Smart3D，其生产的倾斜模型都是自带多级层次细节模型的，一般至少带有5层，多则10层以上。数据本身自带层次细节模型，从技术原理上就决定了其看似庞大，其实完全可以做到非常高的调度和渲染性能（只要不破换原始自带的层次细节模型）。这也是使用数据厂家自带的Viewer就可以获得很好的加载和浏览性能的原因。但这只是解决了三维实景数据显示问题，而人们更关注地理实体本身及其属性信息，这就产生了单体化技术。

"单体化"指的是每一个人们想要单独管理的对象，是一个个单独的、可以被选中分离的实体对象，可以赋予属性，可以被查询统计等。只有具备了"单体化"的能力，数据才可以被管理，而不仅仅是被用来查看。在大多数地理信息系统应用中，能对建筑等地物进行单独的选中、赋予属性、查询分析等是最基本的功能要求。因此，单体化成为倾斜摄影模型在地理信息系统应用中必须解决的难题。目前应用较为广泛的单体化方法包括切割单体化、ID单体化和动态单体化三种。

单体化模型对于三维地理信息系统来说，是一个重要数据来源，结合BIM数据，能够让三维地理信息系统从宏观走向微观，同时可以实现精细化管理。

第三节　三维激光扫描

三维激光扫描技术是一种主动式对地观测技术，是测绘领域继全球导航卫星系统技术之后的一次技术革命。其基本原理是向目标发射探测信号（激光束），然后接收从目标反射回来的信号（目标回波），并与发射信号进行比较，经过适当处理后，获得目标的有关信息，如目标距离、方位、高度、姿态、形状等参数。它突破了传统的单点测量方法，具有全天候、高效率、高精度等优势。

一、激光测量原理

激光扫描系统是集激光技术、光学技术和微弱信号探测技术于一体而发展起来的一种现代化光学遥感手段，其基本原理源自微波雷达，但使用激光作为探测波段，波长较短且是单色相干光，因而呈现极高的分辨本领和抗干扰能力。激光测距的基本原理是利用光脉冲在空气中的传播速度，测定光脉冲在被测距离上往返传播的时间来求出距离值。常用的具体方法是脉冲法和相位法，前者直接量测脉冲信号传播时间，后者通过量测连续波（Continuous Wave，CW）信号的相位差间接确定传播时间。

根据激光测得的距离、激光方向可以计算目标点的坐标，从而获取目标的相对三维坐标。激光扫描仪在获取物体表面每个采样点的空间坐标后，得到的是一系列表达目标空间分布和目标表面特性的海量点的集合，称为"点云"。点云所记载的数据信息主要有三维坐标（X、Y、Z）、颜色信息（R、G、B）和激光反射强度等，数据的存储格式也与扫描设备有关，主要有TXT、LAS、PCD、ASC等格式。从点云数据的结构关系上看，点云数据主要具有数据量大、密度高、带有被测物光学特征信息、测距精度达到毫米或厘米级且具有可量测等特点。

常用的激光测量设备有一维激光测距仪、二维激光扫描仪、三维激光扫描仪、多传感器集成的激光测量系统等。

从三维点云数据的获取到数据应用，需要经过一系列对点云数据的处理，一般的数据处理中，关键流程在于点云数据的配准、三维模型的建立及目标特征的提取。对点云数据进行格网建立、数据精简、分割等处理，主要是为了降低点云数据的冗余度，保证数据精度，并方便后期点云数据的处理等。

二、地面三维激光扫描理论

（一）基本概念

激光是20世纪重大的科学发现之一，具有方向性好、亮度高、单色性好、相干性好的特性。自激光产生以来，激光技术得到了迅猛的发展，激光应用的领域也在不断拓展。

伴随着激光技术和电子技术的发展，激光测量也已经从静态的点测量发展到动态的跟踪测量和三维测量。三维激光测量技术的产生为测量领域提供了全新的测量手段。

三维激光扫描测量，常见的英文翻译有"Light Detection and Ranging"（LiDAR）、"Laser Scanning Technology"等。雷达是通过发射无线电信号，在遇到物体后返回并接收信号，从而对物体进行探查与测距的技术，英文名称为"Adio Detection and Ranging"，简称为"Radar"，译成中文就是"雷达"。由于LiDAR和Radar的原理是一样的，只是信号源不同，又因为LiDAR的光源一般都采用激光，所以一般都将LiDAR译为"激光雷达"，也可称为激光扫描仪。

激光雷达具有一系列独特的优点：极高的角分辨率、极高的距离分辨率、速度分辨率高、测速范围广、能获得目标的多种图像、抗干扰能力强、比微波雷达的体积和重量小等。但是，激光雷达的技术难度很高，至今尚未成熟。激光雷达仍是一项发展中的技术，有的激光雷达系统已经处于试用阶段，但许多激光雷达系统仍在研制或探索之中。

由原国家测绘地理信息局发布的《地面三维激光扫描作业技术规程》（CH/Z 3017-2015）（以下简称《规程》），对地面三维激光扫描技术（Terrestrial Three Dimensional Laser Scanning Technology）给出了定义：基于地面固定站的一种通过发射激光获取被测物体表面三维坐标、反射光强度等多种信息的非接触式主动测量技术。

三维激光扫描技术又称作高清晰测量（High Definition Surveying，HDS），也被称为"实景复制技术"，它是利用激光测距的原理，通过记录被测物体表面大量密集点的三维坐标信息和反射率信息，将各种大实体或实景的三维数据完整地采集到计算机中，进而快速复建出被测目标的三维模型及线、面、体等各种图件数据。结合其他各领域的专业应用软件，所采集点云数据还可进行各种后处理应用。

三维激光扫描技术是一项高新技术，把传统的单点式采集数据过程转变为了自动连续获取数据的过程，由逐点式、逐线式、立体线式扫描逐步发展成为三维激光扫描，由传统的点测量跨越到了面测量，实现了质的飞跃。同时，所获取信息量也从点的空间位置信息扩展到目标物的纹理信息和色彩信息。20世纪末期，测绘领域掀起了三维激光扫描技术的研究热潮，扫描对象越来越多，应用领域越来越广，在高效获取三维信息应用中逐渐占据了主要地位。

（二）三维激光扫描系统基本原理

1.激光测距技术原理与类型

三维激光扫描系统主要由三维激光扫描仪、计算机、电源供应系统、支架以及系统配套软件构成。而三维激光扫描仪作为三维激光扫描系统主要组成部分之一，又由激光发射器、接收器、时间计数器、马达控制可旋转的滤光镜、控制电路板、微电脑、CCD相机以及软件等组成。

激光测距技术是三维激光扫描仪的主要技术之一，激光测距的原理主要有脉冲测距法、相位测距法、激光三角测距法、脉冲-相位式四种类型。脉冲测距法与相位测距法对激光雷达的硬件要求高，多用于军事领域。激光三角测距法的硬件成本低，精度能够满足大部分工业与民用要求。目前，测绘领域所使用的三维激光扫描仪主要是基于脉冲测距法，近距离的三维激光扫描仪主要采用相位干涉法测距和激光三角测距法。激光测距技术类型详细介绍如下：

（1）脉冲测距法

脉冲测距法是一种高速激光测时测距技术。脉冲式扫描仪在扫描时，激光器会发射出单点的激光，记录激光的回波信号。通过计算激光的飞行时间（Time of Flight, TOF），利用光速来计算目标点与扫描仪之间的距离。

设光速为c，待测距离为S，测得信号往返传播的时间差为Δt，具体计算公式如下：

$$S = \frac{1}{2}c \cdot \Delta t$$

（2-1）

这种原理的测距系统测距范围可以达到几百米到上千米的距离。激光测距系统主要由发射器、接收器、时间计数器、微电脑组成。此方法也称为脉冲飞行时间差测距，由于采用的是脉冲式的激光源，适用于超长距离的测量，但精度不高。测量精度主要受到脉冲计数器工作频率与激光源脉冲宽度的限制，精度可以达到米数量级，随着距离的增加，精度呈现降低趋势。

（2）相位测距法

相位测距法的具体过程是：相位式扫描仪发射出一束不间断的整数波长的激光，通过计算从物体反射回来的激光波的相位差来计算和记录目标物体的距离。

根据"飞行时"原理，可推导出所测距离D为：

$$D = \frac{1}{2}ct_{2D} = \frac{c}{2f}\left(N + \frac{\Delta\varphi}{2\pi}\right) = \frac{\lambda}{2}(N + \Delta N)$$

（2-2）

式中，$\lambda/2$代表一个测尺长u，u的含义可以描述为：用长度为u的"测尺"去量测距离，量了N个整尺段加上不足一个u的长度就是所测距离$D = u(N+\Delta N)$，由于测距仪中的相位计只能测相位值尾数或$\Delta\varphi$或ΔN，不能测其整数值，因此存在多值解。为了求单值解，采用两把光尺测定同一距离，这时ΔN可认为是短测尺（频率高的调制波，又称精测尺）用以保证测距精度，N可认为是长测尺（频率低的调制波，又称粗测尺）用来保证测程，一般仪器的测相精度为1%。

基于相位测量原理主要用于进行中等距离的扫描测量系统中。扫描距离通常在100m内，它的精度可以达到毫米数量级。由于采用的是连续光源，功率一般较低，所以测量范围也较小，测量精度主要受相位比较器的精度和调制信号的频率限制，增大调制信号的频率可以提高精度，但测量范围也随之变小，所以为了在不影响测量范围的前提下提高测量精度，一般需要设置多个调频频率。

（3）激光三角测距法

激光三角测距法的基本原理是由仪器的激光器发射一束激光投射到待测物体表面，待测物体表面的漫反射经成像物镜成像在光电探测器上。光源、物点和像点形成了一定的三角关系，其中光源和传感器上的像点位置是已知的，由此可以计算出物点所在的位置。激光三角测距法的光路按入射光线与被测物体表面法线的关系分为直射式和斜射式两种测距方式。

直射式三角测距法是半导体激光器发射光束经透射镜会聚到待测物体上，经物体表面反射（散射）后通过接收透镜成像在光电探（感）测器（CCD）或（PSD）敏感面上。

斜射式三角测量法是半导体激光器发射光轴与待测物体表面法线成一定角度入射到被测物体表面上，被测面上的后向反射光或散射光通过接收透镜成像在光电探（感）测器敏感面上。

为了保证扫描信息的完整性，许多扫描仪扫描范围只有几米到数十米。这种类型的三维激光扫描系统主要应用于工业测量和逆向工程重建中，可以达到亚毫米级的精度。

（4）脉冲-相位式

将脉冲式测距和相位式测距两种方法结合起来，就产生了一种新的测距方法——脉冲-相位式测距法，这种方法利用脉冲式测距实现对距离的粗测，利用相位式测距实现对距离的精测。

2.三维激光扫描仪工作原理

三维激光扫描仪主要由测距系统和测角系统以及其他辅助功能系统构成，如内置相机以及双轴补偿器等。三维激光扫描仪由激光测距仪、水平角编码器、垂直角编码器、水平及垂直方向伺服马达、倾斜补偿器和数据存储器组成。

三维激光扫描仪的工作原理是通过测距系统获取扫描仪到待测物体的距离，再通过测角系统获取扫描仪至待测物体的水平角和垂直角，进而计算出待测物体的三维坐标信息。

三维激光扫描仪的扫描装置可分为振荡镜式、旋转多边形镜、章动镜和光纤式四种，扫描方向可以是单向的也可以是双向的。在扫描的过程中再利用本身的垂直和水平马达等传动装置完成对物体的全方位扫描，这样连续地对空间以一定的取样密度进行扫描测量，就能得到被测目标物体密集的三维彩色散点数据，称作点云。

3.点云数据的特点

地面三维激光扫描测量系统对物体进行扫描所采集到的空间位置信息是以特定的坐标系为基准的，这种特殊的坐标系称为仪器坐标系，不同仪器采用的坐标轴方向不尽相同，通常将其定义为：坐标原点位于激光束发射处，Z轴位于仪器的竖向扫描面内，向上为正；X轴位于仪器的横向扫描面内与Z轴垂直；Y轴位于仪器的横向扫描面内与X轴垂直，同时，Y轴正方向指向物体，且与X轴、Z轴一起构成右手坐标系。

三维激光扫描仪在记录激光点三维坐标的同时也会将激光点位置处物体的反射强度值记录，并称之为"反射率"。内置数码相机的扫描仪在扫描过程中可以方便、快速地获取外界物体真实的色彩信息，在扫描与拍照完成后，可以得到点的三维坐标信息，也获取了物体表面的反射率信息和色彩信息。所以，包含在点云信息里的不仅有 X、Y、Z、Intensity，还包含每个点的 RGB 数字信息。

依据 Helmut Cantzler 对深度图像的定义，三维激光扫描是深度图像的主要获取方式，因此激光雷达获取的三维点云数据就是深度图像，也可以称为距离影像、深度图、xyz 图、表面轮廓、2.5 维图像等。

三维激光扫描仪的原始观测数据主要包括：①根据两个连续转动的用来反射脉冲激光镜子的角度值得到激光束的水平方向值和竖直方向值；②根据激光传播的时间计算出仪器到扫描点的距离，再根据激光束的水平方向角和垂直方向角，可以得到每一扫描点相对于仪器的空间相对坐标值；③扫描点的反射强度等。

《规程》中对点云（Point Cloud）给出了定义：三维激光扫描仪获取的以离散、不规则方式分布在三维空间中的点的集合。

点云数据的空间排列形式根据测量传感器的类型分为：阵列点云、线扫描点云、面扫描点云以及完全散乱点云。大部分三维激光扫描系统完成数据采集是基于线扫描方式的，采用逐行（或列）的扫描方式，获得的三维激光扫描点云数据具有一定的结构关系。点云的主要特点如下：

①数据量大。三维激光扫描数据的点云量较大，一幅完整的扫描影像数据或一个站点的扫描数据中可以包含几十万至上百万个扫描点，甚至达到数亿个。

②密度高。扫描数据中点的平均间隔在测量时可通过仪器设置，一些仪器设置的间隔可达 1.0mm，为了便于建模，目标物的采样点通常都非常密。

③带有扫描物体光学特征信息。由于三维激光扫描系统可以接收反射光的强度，因此，三维激光扫描的点云一般具有反射强度信息，即反射率。有些三维激光扫描系统还可以获得点的色彩信息。

④立体化。点云数据包含了物体表面每个采样点的三维空间坐标，记录的信息全面，因而可以测定目标物表面立体信息。由于激光的投射性有限，无法穿透被测目标，因此点云数据不能反映实体的内部结构、材质等情况。

⑤离散性。点与点之间相互独立，没有任何拓扑关系，不能表征目标体表面的连接关系。

⑥可量测性。地面三维激光扫描仪获取的点云数据可以直接量测每个点云的三维坐标、点云间距离、方位角、表面法向量等信息，还可以通过计算得到点云数据所表达的目标实体的表面积、体积等信息。

⑦非规则性。激光扫描仪是按照一定的方向和角度进行数据采集的，采集的点云数据随着距离的增大，扫描角越大，点云间距离也增大，加上仪器系统误差和各种偶然误差的影响，点云的空间分布没有一定的规则。

以上这些特点使得三维激光扫描数据得到十分广泛的应用，同时也使得点云数据处理变得十分复杂和困难。

（三）三维激光扫描系统分类

目前，许多厂家提供了多种型号的扫描仪，它们无论在功能还是在性能指标方面都不尽相同，用户根据不同的应用目的，从繁杂多样的激光扫描仪中进行正确和客观的选择，就必须对三维激光扫描系统进行分类。

从实际工程和应用角度来说，激光雷达的分类方式繁多，主要有：激光波段、激光器的工作介质、激光发射波形、功能用途、承载平台、激光雷达探测技术等。本书借鉴一些学者的研究成果，从承载平台、扫描距离、扫描仪成像方式这几个方面进行分类，下面做简要介绍。

1.依据承载平台划分

当前从三维激光扫描测绘系统的空间位置或系统运行平台来划分，可分为如下五类：

（1）星载激光扫描仪

星载激光扫描仪也称星载激光雷达，是安装在卫星等航天飞行器上的激光雷达系统。星载激光雷达是20世纪60年代发展起来的一种高精度地球探测技术。

星载激光扫描仪的运行轨道高并且观测视野广，可以触及世界的每一个角落，提供高精度的全球探测数据，在地球探测活动中起着越来越重要的作用，对于国防和科学研究具有十分重大的意义。目前，它在植被垂直分布测量、海面高度测量、云层和气溶胶垂直分布测量，以及特殊气候现象监测等方面可以发挥重要作用。主要应用于全球测绘、地球科学、大气探测、月球、火星和小行星探测、在轨服务、空间站等。

星载高分辨率对地观测激光雷达在国际上仍属于非常前沿的工程研究方向。星载激光雷达在地形测绘、环境监测等方面的应用具有独特的优势，未来在典型的对地观测应用体现主要有：构建全球高程控制网、获取高精度DSM/DEM、特殊区域精确测绘、极地地形测绘与冰川监测。

（2）机载激光扫描系统

机载激光扫描系统（Airborne Laser Scanning System，ALSS；或者Laser Range Finder，LRF；或者Airborne Laser Terrain Mapper，ALTM），也称机载LiDAR系统。

这类系统由激光扫描仪（LS）、惯性导航系统（INS）、DGPS定位系统、成像装置（UI）、计算机以及数据采集器、记录器、处理软件和电源构成。DGPS系统给出成像系统和扫描仪的精确空间三维坐标，INS给出其空中的姿态参数，由激光扫描仪进行空对地式的扫描，以此来测定成像中心到地面采样点的精确距离，再根据几何原理计算出采样点的三维坐标。

传统的机载LiDAR系统测量往往是通过安置在固定翼的载人飞行器上进行的，作业成本高，数据处理流程也较为复杂。随着近年来民用无人机的技术升级和广泛应用，将小型化的LiDAR设备集成在无人机上进行快速高效的数据采集已经得到应用。LiDAR系统能全天候高精度、高密集度、快速和低成本地获取地面三维数字数据，具有广泛的应用前景。

空中机载三维扫描系统的飞行高度最大可以达到1km，这使得机载激光扫描不仅能用在地形图绘制和更新方面，还在大型工程的进展监测、现代城市规划和资源环境调查等诸多领域都有较广泛的应用。

（3）车载激光扫描系统

车载激光扫描系统，即车载LiDAR系统，在文献中用到的词语也不太一致，总体表达的思想是大致相同的。车载的含义广泛，不仅是汽车，还包括轮船、火车、小型电动车、三轮车、便携式背包等。

车载LiDAR系统是集成了激光扫描仪、CCD相机以及数字彩色相机的数据采集和记录系统，GPS接收机，基于车载平台，由激光扫描仪和摄影测量获得原始数据作为三维建模的数据源。该系统的优点包括：能够直接获取被测目标的三维点云数据坐标；可连续快速扫描；效率高，速度快。但是，不足之处就是目前市场上的车载地面三维激光扫描系统的价格比较昂贵（约200万～800万元），只有少数地区和部门使用。地面车载激光扫描系统一般能够扫描到路面和路面两侧各50m左右的范围，它广泛应用于带状地形图测绘以及特殊现场的机动扫描。

（4）地面三维激光扫描系统

地面三维激光扫描系统（地面三维激光扫描仪），还可称为地面LiDAR系统。地面三维激光扫描系统类似于传统测量中的全站仪，它由一个激光扫描仪和一个内置或外置的数码相机，以及软件控制系统组成。激光扫描仪本身主要包括激光测距系统和激光扫描系统，同时也集成了CCD和仪器内部控制和校正系统等。二者的不同之处在于固定式扫描仪采集的不是离散的单点三维坐标，而是一系列的"点云"数据。点云数据可以直接用来进行三维建模，而数码相机的功能就是提供对应模型的纹理信息。

地面三维激光扫描系统是一种利用激光脉冲对目标物体进行扫描，可以大面积、大密度、快速度、高精度地获取地物的形态及坐标的一种测量设备。目前已经广泛应用于测绘、文物保护、地质、矿业等领域。

（5）手持式激光扫描系统

手持式激光扫描系统（手持式三维扫描仪）是一种可以用手持扫描来获取物体表面三维数据的便携式三维激光扫描仪，是三维扫描仪中最常见的扫描仪。它被用来侦测并分析现实世界中物体或环境的形状（几何构造）与外观数据（如颜色、表面反照率等性质），收集到的数据常被用来进行三维重建计算，在虚拟世界中创建实际物体的数字模型。它的优点是快速、简洁、精确，可以帮助用户在数秒内快速地测得精确、可靠的成果。

此类设备大多用于采集比较小型物体的三维数据，可以精确地给出物体的长度、面积、体积测量，一般配备有柔性的机械臂使用。大多应用于机械制造与开发、产品误差检测、影视动画制作以及医学等众多领域。此类型的仪器配有联机软件和反射片。

2. 依据扫描距离划分

按三维激光扫描仪的有效扫描距离进行分类，目前国家无相应的分类技术标准，大概可分为以下三种类型：

①短距离激光扫描仪（<10m）。这类扫描仪最长扫描距离只有几米，一般最佳扫描距离为0.6～1.2m，通常主要用于小型模具的量测。不仅扫描速度快而且精度较高，可以在短时间内精确地给出物体的长度、面积、体积等信息。手持式三维激光扫描仪都属于这类扫描仪。

②中距离激光扫描仪（10～400m）。最长扫描距离只有几十米的三维激光扫描仪属于中距离三维激光扫描仪，它主要用于室内空间和大型模具的测量。

③长距离激光扫描仪（>400m）。扫描距离较长，最大扫描距离超过百米的三维激光扫描仪属于长距离三维激光扫描仪，它主要应用于建筑物、大型土木工程、煤矿、大坝、机场等的测量。

3. 依据扫描仪成像方式划分

按照扫描仪成像方式可分为如下三种类型：

①全景扫描式。全景式激光扫描仪采用一个纵向旋转棱镜引导激光光束在竖直方向扫描，同时利用伺服马达驱动仪器绕其中心轴旋转。

②相机扫描式。它与摄影测量的相机类似。它适用于室外物体扫描，特别对长距离的扫描很有优势。

③混合型扫描式。它的水平轴系旋转不受任何限制，垂直旋转受镜面的局限，集成了上述两种类型扫描仪的优点。

（四）地面三维激光扫描技术特点

传统的测量设备主要是单点测量，获取物体的三维坐标信息。与传统的测量技术手段相比，三维激光扫描测量技术是现代测绘发展的新技术之一，也是一项新兴的获取空间数据的方式，并且拥有许多独特的优势。不同类型设备的技术特点会有所不同。以地面三维激光扫描技术为例，具有特点如下：

①非接触测量。三维激光扫描技术采用非接触扫描目标的方式进行测量，无需反射棱镜，对扫描目标物体不需要进行任何表面处理，直接采集物体表面的三维数据，所采集

的数据完全真实可靠。可以用于解决危险目标、环境（或柔性目标）及人员难以企及的情况，具有传统测量方式难以完成的技术优势。

②数据采样率高。目前，三维激光扫描仪采样点速率可达到百万点/秒，这样的采样速率是传统测量方式难以企及的。

③主动发射扫描光源。三维激光扫描技术采用主动发射扫描光源（激光），通过探测自身发射的激光回波信号来获取目标物体的数据信息，因此在扫描过程中，可以实现不受扫描环境的时间和空间的约束的目的。同时，它还可以全天候作业，不受光线的影响，工作效率高，有效工作时间长。

④具有高分辨率、高精度的特点。三维激光扫描技术可以快速、高精度地获取海量点云数据，可以对扫描目标进行高密度的三维数据采集，从而达到高分辨率的目的。单点精度可达2mm，间隔最小1mm。

⑤数字化采集，兼容性好。三维激光扫描技术所采集的数据是直接获取的数字信号，具有全数字特征，易于后期处理及输出。用户界面友好的后处理软件能够与其他常用软件进行数据交换及共享。

⑥可与外置数码相机、GPS系统配合使用。这些功能大大扩展了三维激光扫描技术的使用范围，对信息的获取更加全面、准确。外置数码相机的使用，增强了彩色信息的采集，使扫描获取的目标信息更加全面。GPS定位系统的应用，使得三维激光扫描技术的应用范围更加广泛，与工程的结合更加紧密，进一步提高了测量数据的准确性。

⑦结构紧凑、防护能力强，适合野外使用。目前常用的扫描设备一般具有体积小、重量轻、防水、防潮，对使用条件要求不高，环境适应能力强，适于野外使用。

⑧直接生成三维空间结果。结果数据直观，进行空间三维坐标测量的同时，获取目标表面的激光强度信号和真彩色信息，可以直接在点云上获取三维坐标、距离、方位角等，并且可应用于其他三维设计软件。

⑨全景化的扫描。目前水平扫描视场角可实现360度，垂直扫描视场角可达到320度，扫描更加灵活，更加适合复杂的环境，从而提高了扫描效率。

⑩激光的穿透性。激光的穿透特性使得地面三维激光扫描系统获取的采样点能描述目标表面的不同层面的几何信息。它可以通过改变激光束的波长，穿透一些比较特殊的物质，如水、玻璃以及低密度植被等，透过玻璃水面、穿过低密度植被来采集成为可能。奥地利RIEGL公司的V系列扫描仪基于独一无二的数字化回波和在线波形分析功能，实现了超长测距的目的。VZ-4000甚至可以在沙尘、雾天、雨天、雪天等能见度较低的情况下使用并进行多重目标回波的识别，在矿山等困难的环境下也可轻松使用。

三维激光扫描技术与全站仪测量技术的区别如下：

①对观测环境的要求不同。三维激光扫描仪可以全天候地进行测量，而全站仪因为

需要瞄准棱镜，必须在白天或者较明亮的地方进行测量。

②对被测目标获取方式不同。三维激光扫描仪不需要照准目标，是采用连续测量的方式进行区域范围内的面数据获取，全站仪则必须通过照准目标来获取单点的位置信息。

③获取数据的量不同。三维激光扫描仪可以获取高密度的观测目标的表面海量数据，采样速率高，对目标的描述细致。而全站仪只能够有限度地获取目标的特征点。

④测量精度不同。三维激光扫描仪和全站仪的单点定位精度都是毫米级，目前部分全站式三维激光扫描仪已经可以达到全站仪的精度，但是整体来讲，三维激光扫描仪的定位精度比全站仪略低。

三、机载激光扫描技术

机载激光雷达系统是在航空平台上集成激光雷达扫描仪、定位测姿系统、数码相机和控制系统所构成的综合系统。激光雷达扫描仪主要用来发射激光信号和接收信号，确定地面目标与扫描仪的距离。定位测姿系统包括惯性测量装置和动态差分GNSS。惯性测量装置用来获取激光雷达系统在航空平台的飞行姿态参数（俯仰角、侧滚角和航向角），动态差分GNSS用来进行高精度的时间传递和精密定位。最终以时间为标志对数据进行内插处理和数据匹配，确定每一次扫描及拍照时刻传感器的运动位置和姿态参数。因此，由激光雷达进行空对地式的扫描，从而测定成像中心到地面点的精确距离，再根据几何原理解算地面点的三维坐标。

机载激光雷达测量系统根据飞行器平台可分为有人机和无人机两种，受载重量和续航时间限制，目前激光载荷重量超过10kg的系统多使用有人机。

机载激光雷达测量系统工作流程主要包括飞行计划制订、地面基准站布设、系统检校、外业数据采集、数据内业后处理。其中，数据内业后处理主要包括GNSS数据质量检查、航迹计算、激光点云生成、点云分割、自动分类、内部质量控制、手工分类、生产数字高程模型或数字地形模型等测绘产品。

相较于航空摄影测量，机载激光雷达测量系统具有如下优势：

1.激光为主动式测量方式，摄影测量为被动式测量方式，因此激光雷达测量对于气候、天气、季节的要求没有航空摄影测量那么严格。理论上，激光能24小时全天候工作。同时，还可以根据实际应用需求选择波长最合适的激光源。

2.激光能够穿透植被叶冠，直接测量到地面，可同时测量地面和非地面层。因此，激光雷达在林业、农业领域得到了广泛应用，可用于测量树高，这在航空摄影测量中难以实现。

3.机载激光雷达测量系统基本不需要地面控制点，可直接获取地表目标的空间三维坐标，并用于数字高程模型生成，作业流程相对航空摄影测量更简单。

机载激光雷达测量技术能够快速获取地面高精度数字表面模型，在地形测绘、环境监测、城市三维建模、林业管理、岛礁测绘、线路勘测设计等领域得到了广泛的应用。该技术改变了传统测绘的作业流程，使相关外业测绘流程大大简化，外业时间大大缩短，外业人员的劳动强度大大降低，内业处理的自动化程度也显著提高。

随着无人机飞行器的升级和激光传感器的小型化，无人机激光雷达测量系统逐步面世。它以无人机为搭载平台，主要由激光雷达扫描仪、惯性测量装置、GNSS、高分辨率航拍数码相机等组成。激光雷达扫描仪获取三维空间信息，数码相机获取影像数据，地面通信保障飞行安全，及时传回系统工作状态信息。与有人机平台相比，无人机搭载设备重量受限，因此在传感器选型上受限。但是，无人机激光雷达测量系统巡视效率高、直观、准确，适用范围广，灵活性强，用于安全监测可及时发现隐患，减少经济损失，具有成本低、操作简单、数据精度高等特点。目前，已有无人机激光雷达测量系统成功应用于电力行业，通过无人机激光沿电力线飞行实现快速电力线巡检、通道测量和线路杆塔的倾斜程度检测等。未来随着无人机载荷的增加、激光传感器的微型化发展，无人机激光雷达测量系统能更多地应用于电力行业、公路勘察设计、灾害监测和环境监测等方面。

四、车载激光扫描技术

车载激光移动测量系统是目前世界上较为先进的一种测绘手段。它通过在机动车上装配激光扫描仪、GNSS、惯性测量装置、车辆控制编码系统及数码相机等先进的传感器和设备来完成测量任务。其中，GNSS用于测量平台运行轨迹上每一时刻的位置；惯性测量装置用于确定平台的方位与姿态，与GNSS一起工作可进行组合导航；激光扫描仪用于记录目标点到平台的距离与角度。运用激光测量车，可以在车辆正常行进中，通过激光扫描和数码照相的方式快速采集地形、建筑及其他目标区域或线路的整体空间位置数据、属性数据和影像数据，并同步存储在系统计算机中，经专业软件编辑处理后，生成所需的专题图数据、属性数据和影像数据。

与其他的移动数据采集手段相比，车载激光移动扫描成像技术具有如下特点：

（一）不受目标特性影响，可昼夜使用

可见光成像需要太阳的照射才能对目标进行成像，激光成像不需要对目标亮度提出任何要求，昼夜均可使用。同时，它也不像红外成像设备一样受IR标热辐射特性的影响，可以对冷目标进行成像或在复杂的热辐射背景下对目标进行清晰的成像。

（二）可直接获取目标的三维信息

红外和可见光成像只能获取目标的辐射分布图像，而不能测量目标的距离信息。激光

成像可以在获取目标强度图像的同时测量出目标每一点的三维信息。

（三）测量精度高

由于激光波长短，故空间角度分辨率和距离分辨率都比微波成像雷达所获得的测量精度高一个或几个数量级。

（四）体积小、重量轻、成本低

激光扫描成像探测器比红外探测器成本低，整机设备比微波探测器体积小、重量轻、价格低。由于激光扫描成像可以快速得到目标的三维信息，并且具有体积小、重量轻等特点，因此它特别适用于地形测绘、目标识别和自动导航领域。

车载激光移动测量系统是以陆地移动平台为载体，相对机载平台，具有机动、灵活、高效等特点，可与星载系统、机载系统一起组成天、空、地的立体数据获取体系，其获取的数据也更精细。

车载激光移动测量系统近几年发展迅速，在传感器集成和示范性应用方面积累了很多经验，但是针对地面复杂情况采集的海量点云数据的处理仍有不足，在高效快速的数据处理和管理方面仍需要继续研究。车载激光测量系统主要用于城市三维建模、道路测量、部件测量、高清街景、违建调查等领域。由于车载平台本身的特性，该系统容易受到车辆和道路两旁植被的影响而产生数据漏洞，获取的数据多为路面和建筑立面数据，屋顶和室内数据仍需要用其他方法来获取。

车载激光移动测量系统就其载体而言，可以是汽车，也可以是三轮车、摩托车等，还可以是人背着的背包。下面以一个背包式激光移动测量系统的应用案例进行说明。

背包式激光移动测量系统由车载激光移动测量系统改装而成。开始扫描前，在覆盖作业区域5km的范围内架设基准站，接收GPS信息，同时人背着背包坐在行驶的车上进行惯性测量装置初始化；惯性测量装置初始化完毕后，扫描人员从车上下来，开始背着设备进行扫描作业，沿着小道对卫星信号良好的区域进行背包式激光移动测量系统扫描作业；扫描完成后，关闭仪器设备，停止采集作业。

五、室内激光扫描

随着室内导航技术的发展，室内空间的三维信息需求越来越大。无论是大型超市、写字楼、室内停车场，还是隧道、矿坑等地下设施，其三维信息的快速获取都具有重要价值。传统室内测量手段，如皮尺或测距仪测图，效率低且精度不高。如果采用地面固定站式扫描，虽然可以快速获取室内数据，但室内遮挡问题需要通过大量外业架站和内业拼站处理来确保数据的完整性，在一定程度上加大了数据获取和处理的难度。因此，研究针对快速室内三维信息获取需求的移动测量系统具有很强的实用价值。

相对于室外移动测量技术，室内移动测图技术由于其环境的特殊性，存在的技术难点有：①无GNSS信号或GNSS信号弱，传感器自身定位是主要难题；②障碍物多，不易采用摄影测量方式完成室内测图，采用扫描方式作业在特殊情况下需要多角度作业，易产生数据冗余；③室内作业干扰源多；④需要进行多层建筑中的定位；⑤对未知环境定位困难。由于这些特殊性，室内移动测图的研究就不能像车载或者机载系统一样采用GNSS导航定位的方法，而需要采用其他技术。目前，研究的热点是基于同步定位与地图创建的室内测图技术。

目前，室内移动测图系统常用的是激光同步定位与地图创建方式，它性能最稳定、最可靠。其作业原理同视觉同步定位与地图创建相似，区别在于它采用二维激光或三维激光的方式在室内空间对平台自身进行定位，同时平台获取室内空间信息或成图。同视觉同步定位与地图创建相比，激光同步定位与地图创建精度更高、测量距离更远、能直接获取三维空间坐标。该技术经过多年验证，已相当成熟，但激光雷达成本昂贵的问题亟待解决。

随着计算机技术、传感技术的发展，激光雷达成本下降，激光同步定位与地图创建将成为服务机器人实现自由行走的必然选择。

总之，采用激光同步定位与地图创建技术的室内移动测图系统将会成为信息化测绘新技术的又一个发展方向，必将在信息化测绘中得到越来越广泛的应用。

第四节　北斗卫星导航定位

北斗卫星导航系统是中国着眼于国家安全和经济社会发展需要，自主建设、独立运行的卫星导航系统。系统创新融合了导航与通信能力，具有实时导航、快速定位、精确授时、位置报告和短报文通信服务五大功能。北斗卫星导航系统在服务区域内任何时间、任何地点，都可以为用户提供连续、稳定、可靠的精确时空信息。

随着北斗卫星导航系统的建设和服务能力的发展，相关产品已广泛应用于交通运输、海洋渔业、水文监测、气象预报、测绘地理信息、森林防火、通信系统、电力调度、救灾减灾、应急搜救等领域，逐步渗透到人类社会生产和人们生活的方方面面，为全球经济和社会发展注入新的活力。中国将始终秉持和践行"中国的北斗，世界的北斗"的发展理念，推进北斗卫星导航系统为"一带一路"建设发展及其他国际应用提供服务的范围。北斗卫星导航系统的发展目标为：建设世界一流的卫星导航系统，满足国家安全与经济社会发展需求，为全球用户提供连续、稳定、可靠的服务；发展北斗产业，服务于经济社会发展和民生改善；深化国际合作，共享卫星导航发展成果，提高全球卫星导航系统的综合应用效益。

一、北斗卫星导航系统构成

北斗卫星导航系统构成与其他卫星导航系统一样，分为空间段、地面段和用户段。

（一）空间段

北斗卫星导航系统计划由35颗卫星组成，包括5颗地球静止轨道卫星、27颗中圆地球轨道卫星、3颗倾斜地球同步轨道卫星。5颗地球静止轨道卫星定点位置为东经58.75°、80°、110.5°、140°、160°，中圆地球轨道卫星运行在3个轨道面上，轨道面为相隔120°均匀分布。

北斗卫星导航系统同时使用地球静止轨道与非静止轨道卫星，对于亚太范围内的区域导航来说，无须借助中圆地球轨道卫星，只依靠北斗的地球静止轨道卫星和倾斜地球同步轨道卫星即可保证服务性能。而数量庞大的中圆地球轨道卫星，主要服务于全球导航卫星系统。此外，如果倾斜地球同步轨道卫星发生故障，则中圆地球轨道卫星可以调整轨道予以接替，即作为备份星使用。

在北斗卫星导航系统中，使用无源时间测距技术为全球提供无线电卫星导航服务，同时也保留了试验系统中的有源时间测距技术，即提供无线电卫星测定服务，但目前仅在亚太地区实现。

北斗卫星导航系统使用码分多址技术，与GPS和Galieo系统一致，而不同于GLONASS系统的频分多址技术。两者相比，码分多址有更高的频谱利用率，在L波段的频谱资源非常有限的情况下，选择码分多址是更妥当的方式。此外，码分多址的抗干扰性能，以及与其他卫星导航系统的兼容性能更佳。北斗卫星导航系统在L波段和S波段发送导航信号，在L波段的B1、B2、B3频点上发送服务信号，包括开放的信号和需要授权的信号。

（二）地面段

北斗卫星导航系统的地面段由主控站、注入站、监测站组成。

①主控站用于系统运行管理与控制等。主控站从监测站接收数据并进行处理，生成卫星导航电文和差分完好性信息，尔后交由注入站执行信息的发送。

②注入站用于向卫星发送信号，对卫星进行控制管理，在接受主控站的调度后，将卫星导航电文和差分完好性信息向卫星发送。

③监测站接收卫星信号，将接收的数据和当地气象资料经处理后发送到主控站。

（三）用户段

用户段即用户的终端，既可以是专用于北斗卫星导航系统的信号接收机，也可以是同时兼容其他卫星导航系统的接收机，包括北斗卫星导航系统兼容其他卫星导航系统的芯片、模块、天线等基础产品，以及终端产品、应用系统与应用服务等。接收机需要捕获并跟踪卫星的信号，根据数据按一定的方式进行定位计算，最终得到用户的经纬度、高度、速度、时间等信息。

二、北斗授时技术

北斗卫星导航系统具有快速定位、精密授时、短报文通信等关键功能和技术。

北斗卫星导航系统授时可分为单向授时模式和双向授时模式。在单向授时模式下，用户接收机不需要与地面中心站进行交互，但需要已知接收机精密坐标，从而可计算出卫星信号传输时延，经修正得出本地精确的时间。中心控制站精确保持标准北斗时间，并定时播发授时信息，为定时用户提供时延修正值。标准时间信息经过中心站将卫星的上行传输延迟、卫星到用户接收机的下行延迟及其他各种延迟（对流层、电离层等）传送给用户，用户通过接收导航电文及相关信息自主计算出钟差并修正本地时间，使本地时间与北斗时间同步。系统设计授时指标为100ns。

双向定时的所有信息处理都在中心站进行，用户只须把接收的时标信号返回即可。其无须知道用户位置和卫星位置，通过来回双向传播时间除以2的方式即可获取，更精确地反映各种延迟信息，因此其估计精度较高。在北斗卫星导航系统中，单向定时精度的系统设计值为100ns，双向定时精度的系统设计值为20ns。

目前，北斗授时产品在通信系统、移动系统、金融等行业广泛使用。此外，为保证国家信息的安全，满足人们对高精度授时产品的需求，北斗卫星导航系统和GPS的双模授时技术理论应运而生，相关的学者进行了诸多探讨和研究。从影响授时精度的误差源出发，结合卫星自身相关误差、信号传播误差及接收机相关误差进行分析，并提出相应误差的修正算法，以及授时技术的卫星源切换实现原理和秒脉冲模型的改进方案。最后将提出的算法和改进方案应用于授时系统，结合主控单元完成相关接口通信等外围电路设计，进一步实现该双模联合授时系统的硬件和软件设计。用户可以通过使用该授时系统达到择优后的卫星授时结果，从而提高授时的精度。

三、导航定位技术

北斗导航定位关键技术包括组合定位技术、差分定位技术、组合系统的监测技术等。

（一）组合定位技术

组合定位是采用其他类型的数据源与北斗卫星导航系统的定位信息结合，辅助提高北斗卫星导航系统的定位精度与完整性、连续性，目前包括多模卫星组合定位和多传感器信息融合组合定位。多模卫星组合定位就是用一台卫星定位接收机，同时接收和测量北斗卫星导航系统与其他卫星导航系统的卫星信号，从而综合利用多种卫星导航系统精确测出三维位置、三维速度、时间和姿态等相关参数。由于GPS建设完善，定位精度高，因此可以采用北斗卫星导航系统和GPS的双模冗余组合方案，实现多模组合定位。多传感器信息融合组合定位是通过不同传感器提供的冗余位置测量信息（如位置、速度、航向），采用数据融合的方法，高效地利用这些冗余信息完成定位结果的求解过程，最终实现目标位置量的最优或次优估计。

（二）差分定位技术

差分定位技术可以消除或者削弱卫星导航定位中的接收机钟差、卫星钟差等多种误差，载波双差后整周模糊度为整数。差分定位包括伪距差分定位和实时载波相位差分定位。伪距差分定位比较每颗卫星每时刻到基准站的真实距离与伪距，得出伪距改正数和修正定位，能得到米级的定位精度。载波相位差分技术又称RTK技术，通过实时处理两个观测站载波相位观测量的差分数据，解算坐标，可使定位精度达到厘米级，大量应用于动态需要高精度位置的领域。

（三）组合系统的监测技术

在组合系统中，由于传感器资源增多、系统结构趋于复杂，因此组合系统的监测技术应运而生。在监测过程中要对组合系统的性能状态进行实时的获取和判断，以衡量定位系统在故障发生（包括传感器、子系统的软故障和硬故障）导致定位误差超限时能有正确的响应。解决方案的重要内容为实时的故障检测和诊断，在基本的卫星定位接收机自主完好性监测算法基础上将完好性设计拓展到整个组合系统，实现定位系统自主完好性监测，使系统具备及时发现并确定故障来源，从而评估故障等级的能力。

四、短报文通信技术

北斗卫星导航系统的短报文通信功能是美国GPS和俄罗斯GLONASS都不具备的特殊功能，是全球首个在定位、授时之外具备短报文通信的卫星导航系统。北斗卫星短报文通信具有用户与用户、用户与地面控制中心间双向数字短报文通信功能。一般的用户接收机可一次传输36个汉字，申请核准的可以达到120个汉字或240个代码。短报文不仅可实现点对点双向通信，而且其提供的指挥端机可进行一点对多点的广播传输，为各种平台应用提供极大便利。其服务流程如下：

1.短报文发送方首先将包含接收方ID号和通信内容的通信申请信号加密后通过卫星转发入站。

2.地面中心站接收到通信申请信号后，经脱密和再加密后加入持续广播的出站广播电文，经卫星广播给用户。

3.接收方用户接收机接收出站信号，解调解密出站电文，完成一次通信。

综上所述，未来的测绘地理信息会将北斗卫星导航定位技术作为时空数据的探测基础，瞄向新时空服务，集成光、电、声学、磁学等多种物理手段，与通信、室内定位、汽车电子、人工智能、移动互联网、物联网、地理信息、遥感、大数据等智能化先进技术融合，形成可互补、可交换、可替代、可共享的信息标准和资源，形成新兴的智能信息产业，形成连接贯通整合一切的新时空服务体系。其技术和产业应用最终包括空、陆、地下（水下）所有环境条件下的空间、室内与室外的时空信息泛在智能、实时动态、普惠的共享服务。

第五节 地理信息处理技术

经过多年的发展和积累，地理信息数据种类不断增多，数据内容、类型和形态都不断丰富，测绘地理信息部门拥有的地理信息数据飞速增长。对这些大数据进行快速处理，并为充分挖掘分析这些数据背后的价值奠定基础，已经成为目前地理信息系统发展的一个重要方向。一方面，地理空间大数据以动态异构、时空密集、非结构化数据为主体，首要任务是研究多源异构数据的空间化集成技术；另一方面，随着大数据技术研究的快速升温，利用分布式并行处理、交互式处理等新兴技术对地理空间大数据进行高效处理也成为研究热点。

一、多源异构数据空间化集成

多源异构数据空间化集成是以地理空间数据、行业专题数据、非地理空间数据为数据源，利用坐标投影变换、格式转换、语义集成、数据空间化等技术，实现地理空间数据间集成、地理空间数据与行业专题数据集成、空间数据与属性数据集成、结构化数据与非结构化数据集成等。多源异构数据空间化集成技术体系是按照数据集成方案要求对源数据进行加工、重新组织构成的过程，将多源数据统一至同一坐标参考体系，采用通用格式，形成新的空间数据集，为时空数据的挖掘与分析打下数据基础。

二、分布式并行处理技术

Hadoop架构的诞生加速了地理信息系统在分布式并行处理领域的研究。Hadoop以其高可靠性、高扩展性、高效性和高容错性的优势，特别是在海量的非结构化或半结构化数据上的分析处理优势，给地理信息系统行业提供了一种革命性的思路。作为一个大数据的分布式处理平台，Hadoop的特点是对非结构化数据的存储、聚集、提取和过滤；作为空间地理信息的管理工具，地理信息系统的优势在于其图形处理能力、地图表达能力及空间分析能力。将Hadoop的运算处理能力与地理信息系统的空间分析能力结合起来，可以充分利用两者各自的优势与特点。

三、交互式数据处理技术

交互式数据处理指通过人机交互逐步实现对数据的处理，它能及时地处理和修改数据，并让用户立刻知悉和运用处理结果。当前交互式数据处理系统有Spark和Dremel等。作为高效分布式计算系统，在数据处理效率与性能上Spark比Hadoop有显著提升，并且Spark提供了比Hadoop更上层的应用程序接口。Dremel则通过组建规模上千的集群来实现PB级别海量数据的秒级处理。

以Dremel为例，它通过嵌套式的数据模型支持对半结构化和非结构化数据的并行处理，通过列式存储方法保存数据，进而在进行数据处理和分析时只需要针对指定数据进行处理，因而减少了CPU和磁盘的访问量。Dremel结合了Web搜索和并行数据库管理技术，借鉴Web搜索的"查询树"概念，将复杂巨大化的查询搜索分割成并发在大量节点上处理的较小简单数据查询。简单而言，交互式数据处理方式就是通过对数据的分片存储和对查询功能的优化来实现对海量数据的快速处理。

由此可见，地理信息系统传统的多比例尺数据库的数据完全可以通过Dremel嵌套式数据模型的列式存储方式进行存储，进而在响应实际数据处理需求时，通过类似Web搜索的处理方法调出符合查询要求的分片数据，从而实现空间数据处理的优化。数据搜索的系统开销的降低，大大提升了地理信息系统的数据处理响应速度。

第六节　地理信息挖掘分析技术

地理空间大数据已经改变了传统的结构模式，在新技术发展的推动下正积极向着结构化、半结构化及非结构化的数据模式方向转换，改变了以往只是单一地作为简单工具的现象，逐渐发展成为具有基础性质的资源。针对地理空间大数据的挖掘分析，是提高地理信息数据利用水平、发掘更高地理价值不可或缺的技术环节。除了传统的地理信息系统空间分析技术方法，现代地理空间大数据分析更注重大数据宏观特征的描述、隐性信息的挖掘与智能决策等。

一、基于地理大数据的城市动态研究

移动定位、无线通信和移动互联网技术的快速发展，以及具有位置感知能力的移动计

算设备的普及，带来了具有个体标记和时空语义信息的地理大数据，如社交媒体数据、移动手机数据、公共交通数据、出租车数据等。这些数据在采集方式、空间分辨率、用户属性的表达能力、活动语义表达能力、轨迹完整性等方面存在差异，在感知城市动态时也具备各自的特点，为定量地理解城市动态提供了新的手段，也得到了来自计算机科学、地理学、交通和城市规划等领域学者们的广泛研究。

在集成多源地理大数据来研究城市问题时，可以划分为"人"和"地"两个层面，并在研究静态特征的基础上，加入时间维度的演变特征，以此理解城市动态。因此，城市动态特征的感知可以从三个方面着手：①人类动态行为模式感知，即在短时间尺度对人的移动、活动及社交关系的感知，时间和空间上均是微观层面的感知；②区域动态活动与联系感知，通过对个体行为模式进行空间聚合和长时间尺度的观测，实现对城市扩展、结构演化等区域层面的动态感知；③场所情感及语义感知，在人的情感认知与地理场所之间形成映射，从大数据中发现地理空间更加丰富的人文属性。

二、空间数据挖掘技术

随着数据挖掘分析研究的逐步深入，人们越来越清楚地认识到，地理空间大数据挖掘分析的重要性。空间数据挖掘分析的研究主要有三个技术点，即数据库、人工智能和数理统计，其理论与方法涉及概率论、空间统计学、规则归纳、聚类分析、空间分析、模糊集、云理论、粗糙集、人工智能、机器学习、探索性分析等知识。

与传统的地学数据分析相比，空间数据挖掘分析更强调在隐含未知的情形下对空间数据本身进行规律挖掘，使空间知识分析工具获取的信息更加概括、精练。挖掘分析能发现的知识有普遍的几何知识、空间分布规律、空间关联规则、空间聚类规则、空间特征规则、空间区分规则、空间演化规则、面向对象的知识等。在大数据时代，将挖掘分析技术和传统地理信息系统方法集成，充分发挥地理信息系统在时空数据的输入、存储、管理、查询和显示等方面的优势，突出空间数据挖掘技术在分析和处理海量时空数据时的强大功能，对于发现大量时空数据中的潜在有价值信息、提高数据的使用效率有着十分重要的意义。

三、空间决策技术

空间决策是一个涉及多目标和多约束条件的复杂过程，通常不能简单地通过描述性知识解决，往往需要综合地使用各种信息、领域专家知识和有效的交流手段，如土地利用规划、项目选址、城市交通调度、灾害应急反应调度等。近年来，几乎所有有关空间决策支持系统的研究都是围绕人工智能、空间数据挖掘、空间分析等技术的应用展开的。专家系统与决策支持系统的结合直接体现在决策支持系统的智能化上，这种结合还包括了与机器算法求解方法的结合、与数据库和模型库及方法库的结合、与专业应用领域的结合等。专家系统与决策支持系统的结合提高了决策分析的能力。

随着研究的不断深入，专家系统知识库技术已经渗透到空间决策支持系统的体系结构、问题求解等各个方面，对决策分析方法和过程产生了重要影响。目前，空间信息技术已广泛应用于空间决策领域，提高了决策水平。但是，空间信息技术的应用还主要停留在空间数据管理、信息提取、空间分析、可视化等较低技术层面，还未达到针对大数据的智能化空间决策分析的水平，复杂的空间决策问题仍然是人类面临的最困难问题之一。

第七节　地理信息可视化技术

地理信息的呈现与可视化是地理信息应用的关键步骤，其理论与技术的拓展将为地理信息的传输和应用效果的提升提供更有效的途径。当前，地理信息呈现与可视化所面临的挑战之一就是如何在现有可视化技术发展的前提下实现跨学科融合，将其他领域的先进技术与地理信息可视化结合起来。目前比较热门的技术研究包括以下四个方面：

一、无限制三维空间展示技术

三维建模技术已趋成熟，各类城市三维模型层出不穷。然而，三维模型的展示存在数据量过大并受限于硬件机能、展示技术等因素的问题，大多数三维场景展示都限制在一个不大的空间范围内，无法展示与真实场景相接近的三维空间，因此一个真实的、无延迟的、无限制的三维空间展示才是当前最需要的。未来，三维建模范围将逐渐变大、模型也将越来越接近真实，无限制三维空间展示技术是一个必然的发展趋势。

二、虚拟现实技术

虚拟现实（Virtual Reality，VR）是由美国 VPL 公司创建人拉尼尔在 20 世纪 80 年代初提出的，它是指综合利用计算机图形系统和各种显示及控制等接口设备，在计算机上生成可交互的三维环境，并提供沉浸感觉的技术。其中，计算机生成的可交互三维环境称为虚拟环境。

虚拟现实的基本特征是沉浸、交互和构想。与其他计算机系统相比，虚拟现实系统可提供实时交互性操作、三维视觉空间和多通道的人机界面，目前主要限于视觉和听觉，但触觉和嗅觉方面的研究也正在不断取得进展。作为一种新型的人机接口，虚拟现实不仅使参与者沉浸于计算机所产生的虚拟世界，而且还提供用户与虚拟世界之间的直接通信手段。利用虚拟现实系统，可以对真实世界进行动态模拟，产生的动态环境能对用户的姿势命令、语言命令等做出实时响应。也就是说，计算机能够跟踪用户的输入，并及时按照输入修改模拟获得的虚拟环境，使用户和模拟环境之间建立一种实时交互性关系，进而使用户产生一种身临其境的感觉。

三、增强现实技术

20世纪90年代初期，波音公司在其设计的一个辅助布线系统中提出了增强现实（Augment Reality，AR）技术。增强现实就是将计算机生成的虚拟对象与真实世界结合起来，构造具有虚实结合的虚拟空间。虽然目前增强现实的研究主要集中在视觉上，但是其并不仅限于视觉，还涉及听觉、触觉和味觉的所有感官。

由于增强现实应用系统在实现的时候涉及多种因素，因此其研究对象的范围十分广阔，包括信号处理、计算机图形和图像处理、人机界面和心理学、移动计算、计算机网络、分布式计算、信息获取、信息可视化、新型显示器传感器的设计等。增强现实系统虽然不需要显示完整的场景，但是需要通过分析大量的定位数据和场景信息，才能够保证由计算机生成的虚拟物体可以精确地定位在真实场景中。

四、地理信息全息显示技术

全息显示技术是当前最重要的显示技术之一，尤其在立体显示方面，逼真的显示效果和丰富的信息量是其他显示技术无法比拟的。当前，全息显示技术已经向计算机全息与电子显示全息技术相结合的方向迈进，全息动态实时三维显示的前景已日趋明朗。

地理信息全息显示目前已在国外多个研究机构与地理信息软件厂商中得到了开发与应用。美国Zebra Imaging公司已经开发出了基于绿光照射全息记录的地理信息全息显示产品，其主要技术途径是先将地理信息生成三维场景，然后通过模拟光照环境在计算机中完成全息信息的记录，最终通过全息记录设备实现信息的保存与显示。另外，Esri公司的产品ArcGISlO中提供了支持Zebra Imaging公司全息显示输出插件的功能，该功能可在ArcGIS中实现地理信息全息显示的前期场景模型构建和光照条件设置，然后通过Zebra国内公司的插件完成全息场景的编码输出，最终完成在光照反转条件下的地理信息全息显示。

地理信息技术正处在一个不断发展的阶段，相信在不远的将来，会有越来越多的新技术被应用到地理信息行业，而现在已经出现的技术，将会在地理信息行业得到越来越好的应用。这里要特别提到大数据技术的应用和人工智能技术的应用，随着这些相关学科的技术发展、理论建模、技术创新、软硬件升级等整体推进，必将引发链式反应，推动整个地理信息产业的应用与发展。

第三章 新型基础测绘技术体系

第一节 新型基础测绘的支撑技术框架

信息技术经历了个人电脑时代、互联网时代，正在步入云计算、大数据、人工智能时代，测绘技术的发展与信息技术的发展息息相关，离不开信息技术的支撑和牵引。在个人电脑时代，计算机的普及应用，促使基础测绘的支撑技术由模拟测图技术转向数字测图技术；进入互联网时代，网络和数据库技术的发展，推动基础测绘的技术成果由数字化产品走向网络化地理信息服务；迈入云计算、大数据、人工智能时代，基础测绘的生产和服务技术将产生显著变化，形成新型基础测绘技术支撑体系。

一、支撑技术需求分析

（一）从生产服务方式分析技术支撑需求

相较传统的基础测绘，新型基础测绘在工作范围、工作对象、生产工艺、成果内容及表现形式等方面均产生较大变化，迫使从业人员必须解决相应的支撑技术问题。

第一，新型基础测绘的工作范围将由陆地国土范围拓展至海陆国土范围，需要解决海陆基准的一体化技术问题、海洋基础地理信息资源获取、处理、应用和管理技术问题以及海陆基础地理信息数据融合技术问题。

第二，新型基础测绘的工作对象将由不同层级的不同采集内容转变为统一标准的地理实体，工作对象的要素种类、要素精度、要素表现形式等内容均发生变化，需要解决以地理实体为对象的实体表达理论和技术。

第三，新型基础测绘的成果内容及表现形式将由传统的地理信息数据库转变为面向实体对象的地理信息数据库，任何一个地理实体对象都能够单独提取出来，同时将由面向传统地图制图需要的二维平面地图或地理信息数据库转变为面向用户现实需求的三维空间地图或地理信息数据库。为此，需要解决面向地理实体对象的数据库建库技术和三维地理信息数据库建库技术等问题。

第四，新型基础测绘在生产服务上更多体现数据获取实时化、处理自动化、应用智慧化、管理安全化等，这就需要：充分利用物联网、大数据等新技术，融合集成新一代卫星遥感等对地观测技术，不断丰富地理信息数据天空地一体化实时获取方式；充分利用云计算、大数据、人工智能等技术加速提升海量多源数据智能处理能力，大幅提高地理信息数据的自动化快速处理能力；融合集成信息化测绘、政务信息交换共享、物联网感知、泛在网络、城市云中心和智能设备接入等技术手段，构建以时序化的基础地理信息数据、公共专题信息数据、智能感知实时数据等为主要内容的城市时空大数据和云平台，深化在城市建设与管理各领域的应用，形成智慧化、智能化服务等。

（二）从业务主要特征分析支撑技术需求

根据《全国基础测绘中长期规划纲要（2015—2030年）》和《测绘地理信息事业"十四五"规划》，新型基础测绘具备海陆兼顾、联动更新、按需服务、开放共享等主要特征，需要解决相应的技术难题。

1.海陆兼顾的技术需求

新型基础测绘要实现海陆兼顾，首先要实现陆地基准与海洋基准的衔接，其次是陆地基础地理信息要素与海洋基础地理信息要素的衔接与融合，衔接和融合的区域在于近海、岸线、滩涂和岛礁，衔接的内容涉及要素的分类与表达。同时地理要素空间信息趋于三维化，陆域要素在采集过程中丢失了对高程信息存储，海域要素重点体现了水下高程信息，所以对于地理要素的采集和存储要达到三维化，突破传统平面二维测绘技术，走向现代空间三维测绘技术。

2.联动更新的技术需求

新型基础测绘要实现联动更新，关键是要解决更新来源多样化带来的多源数据融合更新技术问题，比如横向的多种地理信息数据库之间的联动更新，纵向的多尺度地理信息数据库之间的联动更新，从地形要素到地图产品的联动更新，从空间图形对象到统计分析图表之间的联动更新（国情统计分析有体现）等。其中，横向与纵向的地理信息数据库之间的联动更新问题，其实是要素模型的问题，须建立基于实体对象的地理要素数据模型，要素是对地球上对应的地理实体的描述，在不同分辨率上对同一地理实体可表达为不同的矢量对象类型（点、线和面）；要素通过赋予它唯一的、永久的标识码来识别，一组属性和所链接的空间对象来描述。永久的要素标识码将不同分辨率和不同范围内的同一要素连接起来，作为不同尺度间矢量数据级联更新的基础，也作为挂接其他专题信息的桥梁。

3.按需服务的技术需求

新型基础测绘要实现按需服务，核心是要解决地理实体对象化的技术问题。目前，技术手段实现了地理要素的分层分类，但没有解决地理要素实体化，面向对象的统计和空间分析等地理信息技术应用较难适应，未来建立基于实体对象的地理数据框架。第一，需要确定地理实体的空间分布与位置、自然属性，以及地理实体的管理属性、经济社会属性。第二，还需要解决数据精细化的技术问题：一方面空间精度要反映人类活动和经济发展状况；另一方面采集信息内容要进一步丰富，能够通过实体对象关联衔接其他专业部门信息。第三，需要解决位置关联化的技术问题，目前基础地理要素和行业专题要素在语义层面较难协调统一，但是同一个实体对象在位置上的关联是基本可确定，因此，基于位置的基础地理要素与行业专题要素的一致性关联是一条技术途径。第四，需要解决产品订制化的技术问题，要建立面向生产更新的地理要素数据库，从面向产品的生产，转向面向要素自动提取的生产，通过ETL技术实现一套地理要素数据能够满足多种产品订制。第五，需要解决个性化服务的技术问题，针对不可预知和不可枚举的用户需求，需要一种技术环境（包括数据和软件功能）供用户来订制产品和服务内容，如互联网在线制图等。

4.开放共享的技术需求

新型基础测绘要实现开放共享。第一，要解决测绘地理信息部门内部的地理信息数据开放共享技术难题，比如网络地理信息共享技术、网络地理信息应用技术、网络地理信息数据安全使用技术等；第二，要解决测绘地理信息数据融入国家大数据体系框架的技术难题，比如测绘地理信息数据的开放内容与接入方式等；第三，在当前的网络环境和安全保密政策下，地理信息数据共享是以服务接口方式为主，随着国家大数据行动计划推进，政务网环境进一步优化，数据共享技术手段将扩展到多个行业间数据互操作和数据融合分析的方向。

二、支撑技术总体框架

（一）框架构建思路

1.系统化设计

系统化设计新型基础测绘的支撑技术体系，充分结合信息技术、空间技术和网络技术等高新技术，以最优化设计、最优控制和最优管理为目标，采用先整体后局部的思路，统筹考虑基础设施、标准规范、技术装备、业务管理等各个方面内容。

2.模块化研制

在体系化设计基础上，利用模块化的思想来划分新型基础测绘的支撑技术体系，将其划分为多个相对独立的分系统模块进行研制。各分系统模块之间相对独立，且可单独地被理解、建设、管理和应用。

3.组合化应用

将新型基础测绘的支撑技术体系分系统建设内容分解为若干子功能单元，然后在实际应用中根据新的需求进行有机结合，形成新的功能集合。组合化是在建立统一化成果多次重复利用的基础上，通过改变这些单元的连接方法和空间组合，使之适用于各种变化的条件和需求，保障整个支撑技术体系建设成果的有效使用。

（二）总体框架构想

从系统化设计思路上看，新型基础测绘的支撑技术体系建设包括一个数据中心以及管理、生产和服务三个体系共四大建设内容。

从模块化研制思路上看，新型基础测绘支撑技术体系的四大建设内容可分解为测绘基准分系统建设、数据获取分系统建设、数据处理分系统建设、数据质检分系统建设、资源管理分系统建设、公共服务分系统建设、业务管理分系统建设、基础支撑分系统建设等八项分系统建设模块，涵盖从数据获取、处理、管理到服务应用的全生命周期，形成新型基础测绘的支撑技术体系总体建设框架。

三、支撑技术构成

（一）测绘基准分系统

主要内容包括：一是测绘基准改造与维护，实施卫星定位基准站北斗化改造，将现有空间定位、高程、重力基准向海域延伸，形成陆海一体，大地、高程和重力网三网结合的高精度测绘基准体系；二是基准数据处理与建库，完善测绘基准数据处理系统，实现对测绘基准数据的实时快速处理与分析，生成动态地心坐标框架与高程框架产品，提供测绘时空基准信息服务产品，建设测绘基准数据库及库管系统，实现对测绘基准数据的统一管理和高效利用，提升基准数据分析能力；三是基准成果分发与服务，建成基准成果综合应用与服务系统，促进传统测绘基准服务向实时卫星导航定位服务、在线个性订制服务转变，提升测绘基准成果的社会化服务能力。

（二）数据获取分系统

主要内容包括：一是完善天空地水一体化影像数据源体系，建立从航天、航空、低空到地面、水下等多层次的遥感数据获取方式以及外业调查、测量等实测获取方式的获取技术体系，充分发挥激光雷达、倾斜摄影等新技术新装备的优势，克服数据获取困难问题，实现全天时、全天候、全方位的地理信息采集获取；二是拓展互联网获取数据、物联网获取数据、终端采集数据、行业间共享交换数据等其他来源数据的获取技术应用。

（三）数据处理分系统

主要内容包括：一是针对不同数据源及产品类型，设计不同类型生产线，包括影像生产线、地理要素生产线、专题要素生产线、三维数据生产线及地图制作生产线，建立集中式处理与分布式作业相结合的数据处理系统，并制定与之配套的规范及措施，其中自动化处理部分在高效计算环境下集中完成，交互式处理须分配到桌面或者移动终端由多人协同完成；二是建立互联互通的网络环境，打造以任务驱动、工序衔接的智能化生产调度作业模式，建立全新的联动更新生产环境；三是结合数据生产更新技术流程，整合原始资料数据、生产过程数据及成果数据，建立相应的数据库，支持生产任务的资料分析和作业数据流转，以保证资料数据的充分利用和生产全程作业数据的规范化管理。

（四）数据质检分系统

主要内容包括：构建较为完善的集质检作业管理、数据质检、进度监控及质量信息管理于一体的数据质检分系统，该系统主要由质检作业管理系统、质检软件、质量数据库等构成。其中，质检作业管理系统用于进行质检作业管理、方案管理、质检任务管理、专家知识查询、质量检查、质量记录管理、质检报告管理和进度管理，可实现网络化的过程检查与最终检查、成果验收检查、测绘成果质量仲裁检验和地图审查、入库检查；质检软件主要包括成果检验软件和地图审查软件，用于进行质量检查和质量评价及按照标准格式反馈质检结果，实现质量检查与地图审查；质量数据库用于存储和管理质量数据，以便后期进行质量查询、统计和报表输出。

（五）资源管理分系统

主要内容包括：一是档案资料数据库、生产资料数据库、基础地理信息综合数据库、资源目录数据库等数据资源数据库建设，实现局域网上生产资料、过程数据、成果档案、面向服务的产品数据等内容的分布存储与统一管理；二是以此构建新型基础测绘数据资源管理平台，实现影像数据、基础地理信息成果数据、专题数据、档案资料数据、内部资料等数据资源的统一管理和集成展示，打造全局的数据资源管理中心，为生产更新和地图制图等生产环节提供数据保障，为成果分发与公共服务提供数据来源，满足数据资源的智能管理与共享交换，保障数据资源的分发与应用。

（六）公共服务分系统

主要内容包括：一是基于基础地理信息资源目录数据库，构建基础地理信息资源目录服务系统，开展统一的基础地理信息资源目录服务，满足局内部用户、政府用户、社会公众用户对基础地理信息资源的检索需求；二是改变"分散式"分发业务办理模式，统一出口，升级基础测绘成果分发服务系统，打通与各数据库、产品制作系统之间的通道，实现数据在局域网内的在线提取、调用与推送，实现内外网分发一体化，提高工作效率；三是提升数据整合加工与产品快速制作能力，进一步丰富服务产品，完善服务方式，拓宽服务渠道，升级地理信息公共服务平台，强化以基准服务、导航服务为代表的位置服务能力以及面向地理信息领域的集成服务能力，逐步形成集产品加工、按需服务等于一体的信息化测绘服务体系，实现各种网络环境下的地理信息综合服务。

（七）业务管理分系统

主要内容包括：构建全局统一的业务管理信息资源数据库及信息化管理基础平台，并在此基础上建设面向局机关、生产院、质检站及信息中心的业务管理信息系统，对各单位的项目、人员、设备、经费等进行管理，实现复杂网络管理环境下业务管理流程的多级联动和管理信息的互联互通，提升测绘业务管理信息化水平。

（八）基础支撑分系统

主要内容包括：一是利用云计算等新一代信息技术构建集中的数据中心机房，不断充实完善软硬件设施设备，加快形成满足生产、管理、服务信息化需要的网络、存储和服务器等基础设施环境，为上层的系统提供弹性按需的存储、计算和服务能力支撑；二是注重发挥政策标准在体系建设中的支撑作用，强化对现有相关标准的整理、改造和利用，并根据新一代信息技术在测绘地理信息中的应用进行丰富和完善，提高其与测绘科技进步的适应性，尤其要加大力度完善测绘业务流程、服务和产品质量控制与评价等方面的标准，同时注重加强系统运维、部门职责等方面的制度规范建设。

第二节 现代测绘基准关键技术

近20年来，随着全球导航卫星系统的快速发展，直接利用空间卫星对地面目标进行定时和测距的空间交会定位成为现实，彻底改变了传统的测绘基准技术。当前，现代化测绘基准技术已经形成，适应新型基础测绘发展需要的现代化测绘基准技术主要体现在以下四个方面：

一、基于卫星的空间大地测量技术

传统的大地测量是基于地面上的测边、测角技术进行平面位置的精确定位。从20世纪60年代开始，美国就开展了卫星导航系统的研究开发，1994年美国国防部建成了新一代的导航卫星定时测距全球定位系统，简称GPS系统。

另外，现代大地测量技术通过在地面建立卫星导航定位基准站，持续接收导航卫星发射的信号，采用差分卫星定位技术，解决卫星空间定位中影响精度高低的多个误差问题，比如可见卫星数量及其几何分布、卫星信号传播误差（电离层折射、对流层等对定位卫星信号的延迟、多路径效应等）、卫星轨道偏移、卫星原子钟精度等，进而实现高精度的定位。

二、基于似大地水准面模型的高程测量技术

传统的高程基准的建立与高程传递是基于地面水准测量技术进行的，以此获取观测点的精确高程（正常高）。所以，长期以来主要是依赖于水准测量的技术手段，以及辅助性的三角高程测量来获取高程数据。

卫星空间大地测量兴起之后，21世纪初我国建立了新一代的大地基准"2000国家大地坐标系"，重新定义了参考椭球面的参数，通过卫星导航定位测量可以快速便捷精确地获取观测点的大地高。此外，10余年来，国家与省级甚至一些市级测绘地理信息部门着力构建本行政区域内的似大地水准面模型，省级精度已经达到±（3～5）厘米，城市级精度可以达到±2厘米。在此基础上，通过大地高进行高程异常改正达到的高程精度，可以满足基础测绘测图的精度要求，而不需要四等、等外水准测量，大大地促进了基础测绘效率的提高。

这就是说，在新型基础测绘中，卫星导航定位大地高加高程异常改正获取正常高，将成为航空摄影测量、城市测绘常态化的技术方法。

三、基于多源重力测量构建重力场模型的技术

传统的重力测量，一般都是在地面的重力点上进行绝对重力与相对重力测量，构建重力网进行平差，获得基准重力点、基本重力点的重力数据。随着船载重力测量、机载重力测量和星载重力测量科学技术的发展，各种实用化技术装备进入测绘市场，大大促进了重力测量的发展与普及。通过重力加密填补漏洞，重力数据越来越丰富，精度也有了很大提高，在此基础上对多源重力测量数据进行融合处理，构建高精度重力场模型。这一模型不仅为重力基准的建立提供高分辨率的基本重力数据，而且为构建高精度的似大地水准面模型奠定了坚实的基础，进而利用卫星大地测量的手段逐步取代地面高程测量的技术方法。这也将是未来支撑新型基础测绘发展的关键技术。

四、基于潮汐模型与深度基准面的水深测量技术

虽然理论深度基准面作为我国的深度基准已经有数十年时间了，但实际工作中，仅能依靠分布于沿海、数量有限的验潮站观测得的长期验潮数据，建立潮汐模型来获得深度基

准点。由于没有对验潮站采取全国统一的高精度水准连测与定期复测，这些验潮站就没有建立严格的高精度高程基准面，所以得到的仅仅是一个个孤立的深度基准"点"。没有真正形成覆盖我国整个海域的深度基准"面"。因此也不可能开展全国海域统一的水深测量。

经过"十二五"期间的全国海岛（礁）测绘，建立了全国陆海一体的似大地水准面模型，使陆海范围内通过卫星导航定位大地高进行长距离高程传递成为可能；再通过全海域的精密潮汐模型、平均海面地形模型构建可提供使用的理论深度基准面模型，这就给全国海域的水深测量奠定了可靠、统一的基础。

在新型基础测绘建设工作中，仍需要持续完善深度基准面模型，为构建海陆一体、高精度的现代化测绘基准提供有力支撑。

第三节　基础地理信息获取与处理技术

一、海洋地理信息获取与处理技术

所谓"海洋地理信息资源"主要是指海洋的水深与海底地形（包括地貌与地物）数据，并于数据获取后根据其水深测量的原理与方法进行数据处理。

（一）水深测量与水下地形测量技术

支撑新型基础测绘的水深测量与水下地形测量技术主要有以下三种：①单波束（包括单频、双频）水深测量；②多波束水深与水下地形测量；③机载激光雷达（LiDAR）水深与水下地形测量。

1.单波束水深测量

利用声波测距原理测量水深，是一种点式水深测量方法。单波束测深仪由发射换能器、发射机、接收换能器、接收机、显示器、电源等构成，安装在测量船下。测量时，发射换能器垂直向水下发射一定频率的声波脉冲，以声速在水中传到水底经反射或散射返回，被接收机换能器接收。为了求得正确的水深数值，对回波测深仪所获得的测深数据需要进行改正处理。

单波束测深仪有单频、双频之分。其中双频测深仪可以同时垂直向下发射高、低频两种声脉冲，高频声脉冲只能打到沉积物的表层，而低频声脉冲有较强的穿透力，可打到硬质层，两个声脉冲所测深度之差便是海底的淤泥厚度。单波束测深仪体小轻便，安装简单，使用方便灵活，一般常用于内陆水域以及沿海小范围海区的水深测量。

2.多波束水深与水下地形测量

所谓多波束，顾名思义是由多个单波束集成而成，是一种面式水深测量方式，常用于大陆架、大洋等大范围海域的水深测量。

如四波束扫海测深仪就是由四套发射、接收换能器以及同步控制器、图示记录器组合而成，四套换能器分别安装在测量船上，安装方式通常有船挂式和悬臂式两种。

多波束测深系统发射的不是一个波束，而是形成具有一定扇面角的多个波束。因此，多波束测深一次能获得与航线垂直平面内几十个甚至上百个水深点，能快速、精确测定沿航线一定宽度内水下目标的大小、形状、最高点和最低点，可靠描绘水下地形精细特征，实现海底地形的面测量。

多波束测深系统由多个子系统组成的综合系统。其中，多波束声学系统（MBES）负责波束的发射与接收；多波束数据采集系统（MCS）完成波束的形成，将接收到的声波信号转换为数字信号并反算成距离或记录其往返时间；数据处理系统基于计算机工作站，对接收到的水深数据包括声波测量、定位、姿态、声速剖面和潮汐等信息进行处理，计算波束脚印的坐标和水深，绘制海底平面或三维地形图；外围辅助传感器包括定位传感器、姿态传感器、声速剖面仪和电罗经，主要测定测量船的瞬时位置、姿态、航向以及海水中的声速传播特性。

多波束测深数据的处理主要包括如下计算过程：

（1）姿态改正。

（2）船体坐标系下波束在海底投射点位置的计算（需要船位、潮位、船姿、声速剖面、波束到达角和往返程时间等参数）。

（3）波束投射点地理坐标系的计算。

（4）波束投射点高程的计算。

3.机载激光雷达水深与水下地形测量

机载激光雷达是一种集激光、全球导航卫星系统和惯性导航系统（INS）三种高新技术于一身的空间测量系统，能同时完成陆地和水下地形测量，特别适用于大范围的海岸带测绘，以及海岛（礁）林立、测量船难以进入的海区、滩涂。但实际工作中，该技术对水质的要求较高，一般只能测量50～70米的水深。

机载双色激光雷达水深与水下地形测量是一种面式扫描的水深测量方法，主要在飞机上安装波长1064纳米的红光和波长523纳米的绿光激光测距仪。飞机按航线飞行时向海面同时发射两种激光，红光遇到海面时反射，绿光则透射入海水，到达海底后反射回来；接收到两种激光的时间差相当于激光从海面到海底传播时间的两倍，由此即可算得海面到海底的深度。

（二）海洋水深与水下地形测量采用的技术方法

海底地形按其深度剖面可划分为潮间带、大陆架、大洋三大类，针对不同的海底地形类别，所采用的测量技术方法也各不相同。

1.潮间带测绘采用的技术方法

潮间带处于平均大潮最高高潮位与最低低潮位之间，时刻都受到潮汐的直接影响，测量船难以正常作业。所以，潮间带测绘是长久以来公认的测绘难题。目前，潮间带测绘主要采用两种方法：

①利用机载双色激光雷达测深的技术方法（最好同时配置数字航摄仪）。该方法主要采用双色激光雷达测深仪对整个潮间带，以至上到陆地、下到大陆架进行一体化测绘。基于获取的激光点云数据与光学影像，可以生产陆地与水下的数字高程模型、数字正射影像图、数字线划图以及数字地形图，同时也包含水深及水下地形数据。根据精密潮汐模型、平均海面高程模型等参数，可以推算所测地区海岸线的1985国家高程、平均海面的1985国家高程以及理论深度基准面的1985国家高程模型，由此在图上测绘出海岸线、平均海水高程线、0米等高线、0米等深线等海洋要素极为重要的标志线。

②利用低潮位航摄与高潮位海测相结合的技术方法。在海水面处于低潮位时，采用航摄机或无人机沿海岸线进行航空摄影，最大限度获取低潮位以上的滩涂信息，对影像模型进行定向，即可对露出海面的滩涂进行立体测图，得到海岸线以下的水深及水下地形数据；在海水面处于高潮位时，采用有人船或无人船船载测深仪进行水深及水下地形测量。高、低潮位之间就是水深测量的重叠区，既可以用于接边，也可以用来相互检验，评估其精度。

2.大陆架测绘采用的技术方法

我国大陆架水深通常从几米到数十米，一般根据实际海况可以选择采用经济适用的单波束或多波束测深仪，以及测深侧扫声呐系统对水深和水下地形进行测量。

3.大洋测绘采用的技术方法

大洋海域宽广，海水深度很深，必须采用快速、高效的多波束测深仪、高分辨率测深侧扫声呐系统，甚至可基于水下机器人进行水下地形测量，如利用水下载人潜水器、水下自控机器人（AUV）或遥控水下机器人（ROV），集成多波束系统、侧扫声呐系统等船载测深设备，结合水下差分全球定位系统（DGPS）技术、水下声学定位技术实现水下地形测量。水下机器人还可接近目标，利用其测量设备获得高质量的水下图像、图形数据。我国"大洋一号"上的6000米水下自控机器人AUV就安装了测深侧扫声呐、浅地层剖面仪等设备，用于大洋海底地形测量。

二、水下地理信息资源获取技术

除了海洋的水深及水下地形测量，内陆地区的大江大河、湖泊、水库也需要开展水深及水下地形测量。由于陆域单个的水体相对于海洋面积小、深度也浅，水下测量相对容易，一般采用简单而有效的水深测量技术。

（一）GNSS RTK 网络定位＋水深测量技术

陆地河流、湖泊主要利用水域周边的卫星导航定位基准站进行网络实时动态（RTK）测量，如没有基准站可以自建基站开展卫星导航定位系统差分定位，测定测量船测深点的平面位置坐标，再通过船上的测深设备测量其水深。

（二）单波束水深测量技术

可在有人船或无人测量船上安装单波束测深仪，依托基准站或建基站自动进行测深点坐标及其水深的测定。

三、城市地理信息资源获取与处理技术

地理信息数据的获取与处理可以按精度进行划分，城市地理信息资源属于最高精度的数据，主要获取和处理空间位置、空间属性和空间关系。

随着近年来软硬件技术的快速发展，倾斜摄影测量技术和移动测量技术逐渐成为城市地理信息资源的主要获取手段。利用倾斜摄影测量和激光雷达技术能快速生产出高精度的三维立体模型，主要基于优于0.1米分辨率（甚至达到0.2米分辨率）倾斜航摄影像和智能化程度很高的三维数据处理技术等。利用移动测量车技术能获取街景影像和激光雷达点云，点云精度最高可以达到厘米级。

这两种空基和地基的激光雷达技术是一项全要素的三维建模技术，可以对点云进行自动提取和分类，已成为今后一段时期城市地理信息资源建设的主要支撑技术。

四、网络众源地理信息获取技术

随着云计算、大数据、物联网等信息技术的蓬勃发展，及其与现代测绘地理信息技术的融合发展，基础测绘生产服务方式将发生深刻变革。广泛存在于互联网和泛在传感网中的与位置直接或间接相关的文本、电子地图、表等结构化和非结构化的用来表述空间特征的信息都可被定义为网络地理信息，其特有的多语义性、多时空与多尺度性、存储格式多样性、空间基准多样性等多源异构的特点也决定了需要新的技术与方法来解决网络地理信息数据获取及处理问题。

（一）网络地理信息的内容与分类

与传统地理信息相比，网络地理信息的消费者同时也是数据的生产者，这将会大大扩展地理信息的内涵与外延。依据其形成机制，可将网络地理信息分为网络关注点（POI）

数据、网络基于位置服务（LBS）数据、网络自发地理信息（VGI）数据和含有空间数据的专题网站。其中：

1.网络关注点数据主要指电子地图中的地标、景点等符号，用以表示该空间位置所代表的政府部门、商业机构（加油站、百货公司、超市、餐厅、酒店、便利商店、医院等）、旅游景点[公园、古迹名胜等、公共服务设施（公共厕所等）]及交通设施（各式车站、停车场、超速照相机、限速标志等）等内容，互联网环境中包含了海量的关注点数据，并且有着高精度、高准确性、更新周期短、免费使用等特点。

2.网络基于位置服务数据是基于位置的服务（Web2.0时代催生出一类Web移动应用）应用产生的一类高时效性、高准确性的时空数据，它基于用户签到或系统上传的方式，自动记录用户的位置信息和运动轨迹，可通过各种空间分析来挖掘其中潜在的关联信息。

3.网络自发地理信息数据，是指用户通过在线协作的方式，以开放获取的高分辨率遥感影像、普通手持GPS终端以及个人空间认知的地理知识为基础参考，创建、管理和维护的一类地理信息，网络环境中包含丰富的自发地理信息服务平台，例如Open Street Map、Google Map等。自发地理信息数据有着现势性高、传播快、属性信息丰富、成本低、数据量大等优点，是传统地理信息更新手段的重要补充。

4.专题数据是空间数据的一个重要组成部分，它包含了与空间位置相关的一系列社会、经济、人文信息，尤其是一些重要的统计信息。传统的专题数据获取方式是通过各类统计机构和政府部口获取，这些数据虽然有着一定的权威性和准确性，但时效性则非常低。在Web2.0时代越来越多的专题网站中包含了空间信息，而且其中的很大一部分网站更提供了带有空间参照的坐标信息，例如对于各种类型的房产网站来说，其网页源码中就包含了每个房产小区的经纬度。

（二）网络地理信息的获取方法

1.API获取

利用开放的众源地理数据网站所提供的API接口（如Google Earth API、Facebook API、百度地图API、高德地图API等）可以实现权限范围内的结构化数据的直接访问及读取，用户只须进行简单的格式转换即可进行数据的重用。

2.爬虫获取

首先，对拟获取的地理空间信息建立索引关键字，构建高效率与高目标匹配度的搜索式，实现空间信息敏感的发现搜索；其次，对从目标网站搜索得到的多源异构的目标地理空间信息以及与位置有关的文本信息等内容进行多种技术（分词技术、正则表达式技术、模板映射技术等）的解析与位置提取；最后，对目标网站进行连接层次的分析，以确定网络爬虫对不同等级目标网站的爬取频率和内容选择。

（三）多源地理信息的互联与融合

1.数据稀疏性及差异性

由于网络上不同数据源的数据生产相对独立，对物体的分类方法、分级标准、编码方式、时间版本、坐标体系等各不相同，因此从网络得到的数据往往是大量的碎片化的数据，不能满足知识发现与数据挖掘等进一步数据处理的要求。

2.关联融合方法

对数据提取方式、冲突处理、编辑解决等内容建立规则，对多源、碎片化的数据进行抽取转换加载和互操作等关联处理，构建满足异构数据库和分布计算要求的统一的空间数据模型、属性数据模型、时空参照系等概念体系，实现概念体系下网络众源空间数据的规范表达。

3.数据质量的检查与数据清洗

消除空间物体在不同的空间数据及属性数据模型中多次采集所产生的数据描述上的差异，通过对融合后的数据进行几何、属性、拓扑、语义等方面的检查，实现网络多源地理信息的误差消除，冗余数据的剔除，减少同质性数据之间的冲突等问题。

（四）网络地理信息的知识发现与深度信息挖掘

经过数据的关联与融合等预处理，碎片化的多源网络地理信息数据具有大容量、实时性强等大数据的特点，再利用人工神经网络、支持向量机、遗传算法、回归学习、决策树等机器学习或深度学习方法对多源数据中蕴藏的特征和模式等深度信息进行归纳分析，对样本数据进行学习，并形成创新知识，完成数据到知识的转化，将新获得的知识作为数据源进行地理信息的快速提取和及时更新。结合云计算、物联网等技术，可以将挖掘到的知识与模式应用于应急制图、早期预警、地图更新、城市规划、疾病传播等地理信息服务领域。例如，基于大量获得的网络出租车轨迹数据，不仅可以通过核密度聚类、腐蚀、中心线提取等过程处理，实现城市道路网数据库的更新与新增道路的发现，而且还可实现与时间标签的结合，研究城市内部的活动规律及其时空分布特征，制作实时交通引导图及城市管理方案，与传统实地调绘的方法相比效率更高、成本更低、统计性更强。

五、卫星影像智能化处理技术

传统基础测绘沿用的卫星影像处理工序烦琐、门槛高、耗时久，导致地理信息延时或滞后服务，已难以满足按需服务、快速反应、精确评估的现实需求。在新型基础测绘发展过程中，需要融合专业技术与信息技术，以遥感影像实时处理新技术为主线，构建智能化的数据处理、变化发现与信息提取技术体系。

遥感数据处理突显数据输入输出密集和迭代计算密集的双重特征，对传统的数据存储与处理手段提出了巨大挑战，单一的计算模式难以满足海量遥感数据时代的高性能计算需求。卫星影像智能化处理技术结合内存分布式并行计算、CPU-GPU协同计算等信息技术，打破了传统基于数据文件的处理模式，形成了无过程文件交换的像素级处理链路，实现遥感影像数据从高精度几何定位、地形提取到正射影像制作、变化发现以及信息提取等各个关键环节的高效实时处理。

（一）GPU 并行与"零输入输出"模式下的遥感影像实时处理技术

随着存储容量与技术资源性能的提升，直接采用内存存储和管理大规模在线数据成为解决遥感影像处理的数据输入输出密集型问题的重要方法。基于内存级的流式数据处理方法，在内存中完成连接点匹配、几何校正、快速拼接等处理环节，减少内存与磁盘间的数据交换次数，完成"零输入输出"模式的数据处理。

GPU是为了解决图像渲染中复杂计算而设计的专用处理器，在累加的峰值频率和内存带宽上已表现出媲美甚至超过CPU的计算能力，在数据密集的通用计算方面显示出强大的潜力。基于CPU-GPU协同处理机制，充分发挥GPU和CPU各自的优势，用符合硬件体系结构的并行计算模型分析应用程序算法的计算复杂度和执行时间开销等，降低计算复杂度，提高算法并行度与计算效率。

（二）深度学习方法支持下的变化发现与信息提取技术

传统的信息提取是利用光谱数据进行图像分割，基于少量样本数据进行监督分类的作业模式，海量的多源地理信息和遥感大数据没有得到充分的应用，信息提取的效率低、精度差。在新型基础测绘发展中，需要充分借鉴机器学习和人工智能的先进研究成果，开展自动化、智能化的变化发现与信息提取。通过构建适合遥感地物识别的多层卷积神经网络和构建少量目标样本的最佳特征表达，综合利用图斑的光谱、纹理和几何特征，自动从高分辨率遥感影像进行特征学习，利用多层非线性网络逼近复杂遥感分类问题，从海量的大数据里寻找和发现图像目标的内部结构和关系，提升变化发现与信息提取的准确性。

六、基于地理要素数据库的联动更新技术

随着卫星遥感影像获取技术与处理手段的不断发展、遥感影像产品的种类不断丰富，产品的生产周期不断缩短。传统基础测绘中，往往以遥感影像作为地物矢量数据采集资料来源，进行矢量数据的采集工作。新型基础测绘时代，遥感影像产品生产周期的缩短，给矢量数据的采集与生产提出了新的要求，亟须发展基于地理要素数据库的联动更新技术，旨在更加科学、高效地管理矢量数据的生产过程，提高其生产效率。

实际工作中，一方面要解决由于基础测绘分级管理（国家测绘地理信息局管理1∶5万及以小各比例尺地形矢量数据，省级测绘地理信息部门管理1∶1万比例尺地形矢量数据，各市县级测绘地理信息部门则管理1∶2000和1∶500比例尺地形矢量数据）导致的各级比例尺之间数据独立建库无法逐级联动的问题；另一方面，为了提高实际生产过程中的生产效率，需要解决在同一尺度下基础测绘数据、地理国情监测数据与天地图框架数据等多业务数据彼此联动、协同更新的问题。无论是跨比例尺数据间的逐级联动，还是多业务数据间的彼此联动与协同更新，都需要对现有的矢量数据的生产作业模式与技术体系进行调整。

对地理要素数据库的数据模型设计时，同时考虑这些业务中的数据标准与采集规范，从而设计出一套兼容以上多种矢量数据采编业务要求的地理要素数据模型，统一要素采集要求，并建立起地理要素数据模型与三套数据库数据模型之间的数据抽取、转换、加载规则，从而实现生产更新一套要素数据即可满足三套成果需求的联动更新作业模式，提高多业务协同作业、多库联动更新的生产效率。

矢量数据的采编生产工作，最终的目的均是为了形成制图成果。在传统的基础测绘成果中，矢量数据与制图成果数据之间，无论是最终的成果形式还是数据组织方式上均是彼此独立、彼此分离的。在传统的制图作业流程中，需要基于矢量数据成果，按照地形图制图标准的要求，执行基于数据库的制图工作，每新生产一版矢量数据，需要基于该矢量数据执行一次全图幅范围的制图工作，该过程往往费时且效率低下。通过设计并实现图库一体化的数据模型，将地理要素与其对应的制图符号表达信息建立起关联关系，从而实现要素级别的矢量数据信息与最终的制图符号表达、制图精编信息的关联，结合地理要素数据库的增量更新机制，实现基于地理要素数据库的地理要素矢量数据与最终的制图成果数据之间的联动更新。

七、地理实体与专题要素整合技术

《国家地理信息公共服务平台总体设计》以及《数字省区地理空间框架建设技术大纲》也曾明确将地理实体数据库的建设作为基础地理信息数据建设的重要内容。地理实体数据是指以地理对象整体为描述（或表示）的基本单元，它与传统的将每个地理实体拆分为多个互不相关的几何对象的数据组织方式不同。传统的基础地理信息数据中，单线河以首尾相连的弧段表示，用户若想选择一条河流（非弧段），由于这些几何弧段之间没有显式的关系，必须首先判断哪些弧段组成一条河流，然后再进行操作；而地理实体数据则以河流为表示单元，用户能够非常容易地获取每条河流的信息，进行基于河流实体的对象查询与统计分析工作。面向测绘地理信息与非测绘地理信息部门对于地理空间数据的共享与互操作需求，地理对象的实体化技术将在专题要素的整合问题中起到关键作用。

（一）地理空间认知与地理实体模型

地理空间认知是对地表特定空间信息的编码、内部表达和解码等的过程，目的是实现地理信息的存储、管理、表达以及辅助决策。伴随着科技的进步，人类对地理空间的认知也经历了几个历史发展过程，从模拟地图时代到数字地图时代再到信息化时代。在新的历史时期，人们对地理信息的需求越来越高，比如专业部门要求基础地理信息数据可以整合、集成不同专业数据的能力，普通公众则要求不需要任何地理信息专业背景即可轻松获取基于位置的服务，这就要求必须对传统的基础地理信息数据模型加以改进，建立满足基础地理信息数据空间分析要求的地理信息数据模型。地理实体作为认知、组织与表达现实世界的基本单元，以其为基础构建地理实体数据模型符合人们对地理世界的认知习惯。同时，现阶段的软、硬件条件（面向对象数据库管理技术、海量存储及网络环境等）也为构建地理实体数据模型提供了可能性。

地理实体是指一种在地理空间世界中按照某个标准不能再划分为同类现象的地理现象，具有时间、空间、关系和其他多种属性，而空间属性是其区别于其他现象的本质属性，也是地理实体数据库的表现内容。

地理实体是地理空间世界存在的基本单元。我国现有的基础地理信息数据基本是通过地图数据转换而来，地理实体的数字化表达是被分解为单个或多个基本几何图元（点、线、面）的方式表示。为了便于数据库对地理实体数据的存储、管理与查询等操作，需要在现有基础地理信息数据的基础上进行加工与处理，建立地理实体数据几何模型。

（二）地理实体数据库构建技术

地理实体数据库是利用面向对象的思想和机理，利用抽象、继承、封装、多态等技术，将地理空间实体对象的空间数据和属性统一存储在空间数据库中，在此基础之上提供面向地理实体的存储和操作。

1.数据存储与组织

传统的地理数据组织可以采取物理上分幅、分块或分区域来存贮，通过接边处理实现数据库逻辑无缝或直接按类分层，采取物理上无缝的方式存储管理。由于分幅、分块或分区域会使跨图幅的地理实体被切分成若干个部分进行物理存储，这种数据组织方式不利于地理实体数据的高效存储与管理。因此，对于地理实体数据的存储与组织，需要改变传统数据库对空间数据集进行硬性的分块或其他方式的分割的处理方式，将属性数据和空间数据统一连续地存储，使逻辑模型和现实地理实体对象更加统一。

2.数据管理与维护

在实现地理实体数据的物理存储的基础上，需要构建与之匹配的地理实体数据库管理系统。该系统主要是面向地理实体数据的管理任务，提供软件支持环境，支持复杂数据类型、面向对象的数据建模、海量数据管理、并行处理和并发控制，具备分布式的数据管理和动态存储空间管理的能力，能充分考虑用户的不同需求，具有灵活扩充、动态更新、安全管理等能力。同一地理实体的多比例尺系列数据应为一个整体，不同尺度的地理实体数据能通过地理实体数据建立逻辑关联，同一尺度的同类数据间建立逻辑无缝关联。数据库管理同时具备更新功能，主要包括版本管理、产品更新等。此外，模型中的拓扑一致性规则高效地维护了具有相互关系的地理实体数据之间的一致性和完整性，如以道路或河流为界的行政区实体或境界实体，当道路或河流实体改变时，行政区实体以及境界实体也能随之更新。

（三）多源空间矢量数据一致性处理技术

多源空间矢量数据的不一致现象会大大影响空间数据更新的质量，并可能进一步影响基于空间数据的分析和应用。同时，为了充分地利用好这些丰富的数据资源，迫切需要行之有效的技术和方法来对多源空间矢量数据进行相应的一致性处理。多源空间矢量数据一致性处理的数据来源广泛，按照形式分主要有地图数据、影像数据、文字资料等，通过在数据结构、几何特征和语义表达层面上适当地处理，实现多源专题空间数据在几何特征、属性特征和空间关系等特征上的一致性。

1.几何位置一致性处理技术

多源空间数据在生产和更新的过程中，不同的生产标准（如空间基准与数学基础）、不同的生产与更新方式（如内业与外业）和空间数据误差的影响，必然造成同名实体的几何位置差异。实现多源空间矢量数据一致性处理的前提就是要采用相应的技术消除这种差异，校正并更新空间矢量数据的几何位置，实现空间矢量数据的几何位置一致性处理。

空间数据更新和应用中涉及多种数据源，空间参考基准、比例尺、投影方式、制图处理方式的不一致，会带来几何位置不一致的问题。另外，由于多源空间数据获取方式不同且精度不同，在实际工作中经常会出现同一地区不同来源的矢量数据即使统一了坐标系和地图投影，仍然会产生较大偏移，这时就需要进行相应的几何位置配准与纠正。然而，同时对多源空间数据进行几何位置配准与纠正基本是不可能的，需要固定几何位置精度相对较好的数据（目标数据）而纠正几何位置精度相对较差的数据（原始数据）。如果多源空间数据在统一了坐标系和地图投影后满足叠加精度要求，数据源之间的几何位置配准与纠正就可以省略。因此，多源空间数据的几何位置一致性处理的基本方法主要有空间基准转换、数学基础变换和几何位置的配准与纠正。

此外，遥感影像因其获取手段先进、现势性较好且能提供更为准确的几何位置信息，因而一直以来矢量数据更新都是基于遥感影像更新矢量数据中同名要素的几何位置，然而这两者在很多方面都还存在差异。这些差异造成矢量数据更新中影像数据与矢量数据中同名要素的几何位置不一致，存在较大的几何位置差异。针对基于影像的矢量数据几何位置一致性处理基本流程如下：

①矢量数据的图面坐标一致性处理。影像与矢量数据之间因空间基准和数学基础的差异存在较大的坐标差异，因此必须针对矢量数据和影像数据分别进行相应的转换处理，实现二者的图面坐标一致。

②控制点的识别与匹配。在影像和矢量数据中提取特征点作为后期一致性处理的控制点，在这种几何位置一致性处理的过程中关键是要提取精确的控制点集，因为矢量数据中的其他点都要基于控制点集进行一致性处理。

③基于影像的矢量数据几何位置变换。基于精确的控制点集，利用德洛奈（Delauny）三角网剖分技术对两种数据进行几何位置变换，实现矢量数据的几何位置一致性处理。

2.属性特征一致性处理技术

多源空间数据中属性特征不一致集中体现在两个方面：一是地理要素分类分级方法不同所导致的属性特征项描述多样性；二是相同分类分级标准下，属性字段的数量、属性字段的类型、属性字段的含义不同。

针对地理要素分类分级引起的属性特征表达上的不一致问题，面对多源空间数据纷繁复杂的分类分级，可基于规则文件的属性特征映射与转换方法，即通过在规则文件中定义要素分类分级和属性特征项的映射关系，列出相同或相似的属性特征，经过整理表达，建立属性特征转换表，消除不同分类分级标准导致的属性特征差异，实现多源空间数据在属性特征表达上的一致。

针对相同分类分级标准下的属性特征不一致，可基于同名实体匹配来实现属性特征的合并与更新，通过一系列的空间实体相似度指标，识别出同一地区不同数据库中的同名实体，从而建立两个地图数据库中同名实体之间的连接，实现属性特征的合并与更新。

3.要素关系一致性处理技术

面对要素关系的一致性处理，需要解决两个问题：一是解决在矢量数据几何位置一致性处理阶段对原有要素关系的"破坏"问题，例如，对道路进行几何位置处理后，导致道路与居民地之间的关系由相切关系变为相离关系，道路与河流发生空间冲突等；二是解决不同来源数据之间要素关系的不协调、矛盾等问题。这两个问题从本质上来说都是因为不同要素间度量关系或者拓扑关系的改变，导致相互之间的位置关系或者拓扑关系不能正确表达现实世界对应地理实体的结构特征，从而产生的要素关系之间的矛盾。

针对空间数据更新中产生的要素关系不一致，可基于要素之间的拓扑关系一致性来判断空间数据更新前后要素关系的变化，在对要素关系的分类与描述基础上，建立基于拓扑关系矩阵差的一致性处理规则，在规则的指导下实现要素关系一致性处理。

针对不同来源数据之间要素关系的不协调、矛盾、不匹配问题，可制定特定地物类型、几何类型数据之间应该满足的拓扑关系规则，并以这些规则为基准，设计并实现相应的拓扑关系冲突检测算法。

针对要素之间的拓扑关系不协调、不匹配的问题，进行相应的分析与检测，根据检测结果，辅以专家知识，设计针对各类型拓扑关系冲突的自动化处理算法，并采用计算机自动化处理的方式，对不同来源数据之间要素关系的不协调问题进行修复。

第四节　多元数据管理与服务技术

一、分布式地理空间数据库构建

根据《中华人民共和国测绘法》《基础测绘条例》和《中华人民共和国测绘成果管理条例》，国家依据地图比例尺对基础测绘成果实行分级管理，国家测绘地理信息局负责管理1：5万及更小比例尺的基础地理信息数据，省级测绘地理信息部门负责管理1：1万和1：5000比例尺的基础地理信息数据，市县级测绘地理信息部门负责管理1：2000、1：1000及1：500比例尺的基础地理信息数据。基础测绘成果分级管理的体制使得测绘地理信息部门很难将各级比例尺基础地理信息数据进行高度集中化的组织与管理，这就造成：①各级比例尺数据之间关联度差，数据生产与建库工作彼此独立，生产效率低下；②各级比例尺数据彼此之间无法联动，数据现势情况差异较大，数据间的一致性无法保证。而且，由于行政区划的原因，基础测绘的生产管理具有地域性，通常都是属地管理，如果采用统一的集中式数据管理模式，则将无法体现各地各部门不同的实际需求。

因此，简单地采用分开独立建库、独立运行的管理模式，抑或采用统一的集中式存储与管理的模式，均无法满足基础测绘成果管理的实际需求。分布式地理空间数据库的相关技术是解决这一问题的有效手段。面向全国基础地理信息数据的分布式管理需求，采用分布式地理空间数据库技术构建全国基础地理信息数据分布式组织的逻辑结构模型。

全国基础测绘分布式地理空间数据库的构建，是在原有省级、市县级集中式地理空间数据库系统的基础上，采用多数据库协同技术，建立分布式地理空间数据库系统，实现对分布的、异构的地理空间数据的共享交换与集成。全国基础测绘分布式地理空间数据库由若干个省级地理空间数据库集成，每一个省级地理空间数据库由若干个市县级地理空间数据库集成。这些相关数据库分布于由政务专网连接起来的省级、市县级地理信息中心或大数据中心，并且在加入地理空间数据库系统之后仍具有自治性。各级地理空间数据库系统均由地理空间数据库、文档数据文件系统以及元数据服务器组成。其中，地理空间数据库存储测绘地理信息部门所管理的地理空间数据；文档数据文件系统管理与测绘地理信息部门日常业务工作密切相关的其他非空间数据；元数据服务器管理用于描述测绘地理信息部门所管辖的所有地理空间数据以及非空间文档数据的详细描述信息，通过发布与调用数据交换与集成服务，实现与上、下级元数据服务器之间通信。

基于该逻辑模型，采用自下向上分布式数据库的设计方法，将已有的各级地理空间数据库模式集成为分布式地理空间数据库系统全局模式。在全局模式之上就可以为访问全国基础测绘数据的用户定义全局视图，全局用户也就可以使用全局统一的空间数据查询语言访问全国基础测绘数据，而不需要知道其实际访问的地理空间数据的物理存储地址以及实际文件存储格式。分布式地理空间数据库系统没有对参与其中的各地理空间数据库系统做出任何改动，全局用户可以透明地访问分布式异构的空间数据源。分布式地理空间数据库管理系统如同一个虚拟的数据库，向全局用户提供全局数据。用于维护分布式地理空间数据库正常运行的关键技术包括：

1.分布式多空间数据库系统的集成技术，即将物理上分布在各个场地上的空间数据库在逻辑上集成为一个整体，其是多空间数据库系统的核心技术。

2.分布式多空间数据库系统的全局空间索引，即对全局的空间数据建立全局的空间索引。

3.空间查询的处理和优化，即自动地将全局空间查询语言转换为参与空间数据库对应的局部子查询，并生成最优的查询执行计划，交付给有关的本地地理空间数据库执行，并将综合返回的结果再返回给全局用户。

4.并发控制，由于分布式地理空间数据库系统是集成已经存在的、异构的、自治的多个地理空间数据库，分布式地理空间数据库系统中的并发控制必须能够同步全局事务和局部事务。

二、定位服务、地图服务与影像服务融合

将定位、地图和影像服务相融合，形成综合的位置服务；未来的地理信息服务更趋向于基于位置的关联服务。

（一）基于导航定位基准站网提供北斗卫星定位服务

2012年6月，经国家发展和改革委员会批准，国家测绘地理信息局正式启动了国家现代测绘基准体系基础设施建设一期工程，历时4年时间，投入5.17亿元，调集全国31个省、自治区、直辖市测绘地理信息单位的3000余名技术人员，在全国范围内建成了以卫星导航定位基准站为主体的高精度、三维、动态的现代测绘基准体系，并于2017年5月中旬通过了国家发展和改革委员会的竣工验收。与此同时，国家测绘地理信息局通过利用现代测绘基准工程、海岛（礁）测绘工程以及陆态网等建设的卫星导航定位基准站，组成

410座规模的国家级卫星导航定位基准站网，同时利用省级测绘地理信息部门和地震、气象等部门建设的2300余座卫星导航定位基准站，统筹构建了2700多座站规模的卫星导航定位基准站网，建成了1个国家级的数据中心和30个省级的数据中心，共同组成了全国卫星导航定位基准服务系统。

在新型基础测绘发展进程中，将利用地面的导航定位基准站网和服务系统等技术，提供集海量数据汇集、数据管理、数据处理分析、产品服务播发等多项任务为一体的北斗高精度定位服务。同时，根据用户性质和授权情况，面向社会公众、专业用户、特殊（定）用户等不同用户分别提供米级、亚米级、厘米级等不同精度等级的定位信息服务，而国家级网、省级网和城市级卫星导航定位基准服务系统无缝接入和切换是该服务的关键技术，必须解决联网运行、一次注册、动态调用、跨层级网、跨区域漫游等技术问题。

（二）定位服务与地图服务的融合

基于北斗卫星导航系统提供的高精度定位服务和高精度的地图服务的融合，形成北斗高精度位置服务平台。定位服务与地图服务的关键技术包括以下几个方面：

1.基础设施软硬件及网络基于虚拟化技术

基础设施指高精度位置服务平台运行所依赖的软硬件环境、网络环境及机房环境等。基于虚拟化技术对软硬件及网络等基础设施在运营平台中作为虚拟化的资源来管理，提供基础设施的虚拟化资源管理系统，实现对设施层的日常运维管理。

2.多源数据综合管理和更新技术

平台涉及的数据包括北斗定位数据、地理实体数据、高精度电子地图数据、各类专题数据及元数据等，是运营平台提供高精度定位服务的数据基础。平台提供综合数据库管理系统实现对各类数据的集成管理和日常维护更新。

3.多样化服务构建技术

北斗高精度位置服务的入口是运营平台的核心层，其包括门户网站、基于互联网的北斗高精度位置服务系统、平台支持二次开发的应用开发接口以及运维管理系统等几部分。在数据层的基础上，通过将相应的数据和功能封装为服务，并以门户网站和应用开发接口两种形式对外提供服务。

三、一站式测绘成果分发服务

测绘成果网络化分发服务系统建设是测绘地理信息部门依法履行政府职能、强化测绘地理信息管理的有效手段。目前，我国已初步建成网络化测绘地理信息成果分发服务体系，内容涵盖全国31个省、自治区、直辖市测绘地理信息主管部门负责提供的测绘成果目录元数据，初步实现了国家级和省级测绘成果资源目录的集中展现和一站式服务。在新时期，为更好地满足新型基础测绘建设等五大业务布局，需要进一步提升测绘地理信息成果分发服务能力。

（一）测绘成果分布式管理、集中发布

测绘成果分发服务的建设未来可从纵向布局和横向布局两个方面来进行。纵向布局，主要是针对基础测绘成果目录（包括汇交测绘成果目录）采取的布局方式，由各级测绘地理信息主管部门负责数据接入；横向布局，主要是针对非基础测绘成果目录（包括测绘馆藏成果和资料目录）采取的布局方式，各级测绘地理信息主管部门所属单位、其他行业部门、地理信息企业进行数据接入。建设形成2+M+N的整体架构，即2个主站点（国家基础地理信息中心、国家测绘地理信息局卫星应用测绘中心）、M个行业站点、N个地理信息企业站点，实现测绘成果分发的全国式覆盖，形成分布式管理、集中发布的分发服务体系。

（二）基于"互联网+"的测绘成果分发服务

将测绘成果元数据推送到百度等社会化搜索引擎，并构建基于社交网络的分发服务系统，实现测绘成果一定范围内的在线分发、在线支付，构建"淘地图"等新形式的数据分发业务体系和新的服务模式，改造测绘地理信息数据服务的传统模式。

四、地理信息资源目录服务与共享交换

大数据是国家基础性战略资源，全面推进大数据发展、推动政府部门数据共享，对国民经济和社会发展意义重大。加强全国地理信息资源目录服务系统建设是充分发挥测绘地理信息大数据集成、信息服务聚合的关键，有利于实现便捷的地理信息资源查询与服务、跨地区跨行业的地理信息资源目录共建共享。

（一）地理信息资源目录服务与大数据共享

不断完善全国地理信息资源目录服务系统，制定全国地理信息资源目录服务的大数据标准规范体系，明确测绘地理信息数据共享的范围边界和使用方式，衔接政府数据统一共享交换平台，实现公共服务的多方数据共享、制度对接和协同配合。

（二）数据共享交换平台与开放平台建设

建立测绘地理信息数据资源清单，按照"增量先行"的方式，加强对数据的统筹管理，加快建设测绘地理信息数据统一开放平台。构建遵循标准、面向服务架构的测绘地理信息数据共享交换平台，通过分布式部署和集中式管理架构，保障各节点之间数据的及

时、高效地上传下达，保证数据的一致性和准确性，并提供同构数据、异构数据之间的数据抽取、格式转换、内容过滤、内容转换、同异步传输等功能，实现数据的一次采集、多系统共享。

（三）地理信息资源目录数据联动更新

采用"中介模式"的基于标准化元数据的多维地理信息统一注册方法，建立地理信息资源目录数据的注册库与发布库，实现多源、异构地理信息的统一管理，保障地理信息资源目录服务的时效性。建立数据唯一标识，实现对存储在不同数据库中地理信息数据访问、调度以及源数据与注册库信息的联动更新，实现对资源的调度管理；通过资源注册库与资源发布库的数据关联，建立起数据间的元数据联动更新机制，促进元数据变化检测及实时的联动更新，实现资源目录服务的实时性。

五、地理信息公共服务平台升级

地理信息公共服务平台是以基础地理信息资源为基础，以地理空间框架数据为核心，利用现代信息服务技术建立的面向政府、公众和行业用户的、开放式的信息服务平台。利用平台提供的电子地图服务、目录服务、地理信息技术功能服务等，推进政府部门内部地理信息资源共享，为国土、水利、房产、应急、公安等相关行业部门提供基础数据支撑，为企业、公众提供在线地理信息服务等。在提供最基本的空间定位服务的同时，对各种分布式的、异构的地理信息资源进行一体化组织与管理。

随着云计算、大数据技术的兴起，在国家大力倡导"互联网+"行动计划的政策背景下，用户对地理信息公共服务平台的功能和性能提出了更高要求，服务平台的已有功能框架、平台体系结构已不足以支撑服务对象所面临的问题，需要加快改造升级，形成新的地理信息公共服务平台构架。

（一）完善平台现有功能

在现有功能基础上，完善"天地图"政务版和公众版的功能，实现全文检索、复合条件的地图查询、路径规划分析与导航、丰富地图 API 服务，实现对街景地图数据的支持和无缝接入，保证二维地图数据和三维地图数据一体化显示和浏览，实现对地名地址数据的在线更新，通过众包方式支持公众对地名地址数据的更新，提高更新频率。完善数据统计分析功能，实现数据按照 IP 区域、访问频度、数据类型等进行统计并可视化。

（二）拓展平台应用领域

为更好地满足用户搭建应用系统的需要，除提供一套完善的地图 API 外，还提供一套更全面的可支持用户快速搭建业务应用系统的二次开发框架，将底层功能组件化，用户通过简单的功能组装和布局，即可搭建一套个性化的满足自身业务需求的应用系统。

完善"天地图"前置服务，增强前置服务的易扩展、易部署、易更新维护的能力，提供安装更新包步骤化安装和绿色安装两种模式。步骤化安装更新通过详细的交互界面，实现数据更新和配置；绿色安装可在一键式启动后，不需要修改任何配置信息即可实现一键式替换旧版本。

（三）实现平台云架构迁移

为保证公共服务平台具备更高的可用性、数据的一致性以及后续升级维护的扩展性，满足更多用户同时跨省域、跨层级并发访问，需要将目前平台的集群服务式架构向云架构迁移。通过云计算技术整合、管理、调配分布在网络各处的计算资源，以按需配给的方式实现网络环境中软硬件资源和信息的共享。通过云存储技术将网络中各种不同类型的存储设备通过应用软件集合起来协同工作，共同对外提供数据存储和业务访问功能。

（四）提升平台自动运维能力

为降低平台的运维成本，提高平台运维质量，针对云计算环境的特点，提供虚拟化环境下的快速安装部署能力，支持系统运行所依赖的各类服务器资源节点的水平扩展，提高云部署的能力。在平台运行过程中，基于平台存储资源现状，动态调配存储设备，水平扩展存储容量；依据当前服务并发性能情况，参照理想的服务访问效率，动态调配负载均衡服务器、应用服务器等相关服务器资源配置，减少并发访问压力，保障服务响应效率。

在现有软硬件资源运行设备监控的基础上，提升系统业务监控能力，实现对访问用户和热点区域的动态监控。记录系统注册用户及公众用户的访问信息，并基于访问信息对用户类型、用户访问时间分布、IP分布、每一类用户关注的服务信息等内容进行统计分析。通过对用户访问的数据服务范围进行记录，汇总分析计算出用户密集访问的地图区域，掌握用户关注的热点区域及内容，为运维单位更新数据频率提供决策依据。

六、互联网在线制图与产品订制平台

受网络带宽和传统 Web 技术的影响，栅格瓦片技术逐渐成为互联网地图服务的主流技术，因此，传统的 Web 地图服务大部分是基于栅格瓦片，提供一种静态的地图服务。栅格瓦片的应用过程包括矢量要素数据渲染→地图切片→网络传输→浏览器栅格拼接，通过标准的 OGC 服务请求来完成地图服务的应用。随着地图应用场景不断深化，用户对于地图的订制性、动态性和交互性提出了更强烈的需求，传统的栅格瓦片地图服务愈显捉襟见肘。矢量瓦片是一种新型的地图瓦片格式，应用过程包括矢量要素数据切片→互联网传输→浏览器端渲染→栅格拼接，其能够有效解决栅格瓦片带来的问题。

（一）矢量瓦片技术

矢量瓦片技术是栅格瓦片的替代技术，是传统栅格瓦片的矢量化编码，其去除了栅格瓦片中的地图表达符号样式信息，仅包含地理要素的位置信息和属性信息，只传输构成地图的框架要素数据信息。由于仅包含地图的框架信息数据，矢量瓦片具有很高的压缩比，其尺寸在总量上比栅格瓦片小70%左右。

矢量瓦片与栅格瓦片可以共享坐标系统和切片规格，因而传统栅格瓦片的基础服务设施可不加改动地兼容矢量瓦片。而且矢量瓦片存储的位置信息并不是原始数据中的精确坐标，而是要素投影到屏幕上的屏幕坐标，因此完全不用担心矢量瓦片的数据安全性问题。

同时，矢量瓦片将地图渲染过程前置化，瓦片渲染过程前置到客户端（浏览器端），不仅使用户能够更灵活地控制地图样式，而且缩短了地图瓦片生产工艺流程，使用户对地图的表现形式具有更多的控制力，可以实现更多样式的自定义地图制图、更流畅的时空数据动态演变和更强的用户交互功能。

相比传统的栅格瓦片，矢量瓦片更轻量、更高效、支持自定义样式、无级缩放不失真并具有更流畅的动态渲染效果。当前流行的互联网地图服务如百度地图、高德地图和谷歌地图都已完成了从栅格瓦片到矢量瓦片的升级，因此构建基于矢量瓦片的互联网地图服务已是大势所趋。

（二）基于矢量瓦片的互联网在线制图与产品订制平台

矢量瓦片可以使用户更灵活地控制地图样式，因此天然地适合互联网在线制图。基于矢量瓦片构建互联网制图与产品订制平台，主要模块包括制图工程管理、瓦片数据集管理、字体库管理、符号库管理、制图编辑器、制图输出与共享等模块。其中，制图工程管理包括制图工程新建和删除、地图模板的配置；瓦片数据集管理包括用户数据上传和切片、瓦片元数据的维护；字体库管理包括平台字体和用户上传字体的管理；符号库管理包括用户上传符号库的处理和发布；制图编辑器提供图形化的界面，供用户调用瓦片、字体和符号资源，完成地图样式配置、图例生成以及基本的图廓整饰；制图输出与共享将在线制作好的地图输出成高分辨率的图片格式文件，并提供基本互联网的地图分享。

（三）互联网在线制图与产品订制平台的应用前景

基于矢量瓦片构建的基础制图平台可以支撑多种行业应用，即"一个平台，多套应用"。首先，其具备栅格瓦片地图服务的功能来发布标准化的电子地图；其次，其立足于基础制图平台本身，可将传统基于本机的制图业务搬到互联网上，用户在网页上即可完成地图配置，实现方便制图、快速出图，例如制作新闻多媒体地图、应急辅助决策用图等。制图平台也可以接入遥感影像资源，用户可以方便地标注重要的专题要素完成影像制图，以应对重要突发事件环境下应急制图的要求。基础制图平台的数据和地图资源非常易于共享和发布，行业用户和公众能够轻松地接入平台获取所需资源。因此基础制图平台也可以作为资源共享发布平台，各部门的空间数据部署在各自的服务器上，以矢量瓦片的形式发布到同一个平台上，进行多个专题数据的叠加渲染和互操作，既保障了数据的安全性又提升了空间数据资源的互操作性。

第五节　生产管理信息化技术

长期以来，各级基础测绘年度计划之间缺乏有效衔接，国家对地方、省级对市县基础测绘年度计划编制和调整的统筹指导力度相对不够，一定程度影响了全国基础测绘的整体协调发展。为此，须加强生产计划统筹调度技术应用，对生产任务进行综合统筹规划与管理，构建多级生产与服务管理信息资源库、业务管理信息化平台，并在此基础上搭建各类业务管理系统、综合计划管理与决策支持系统，实现对各级各类测绘地理信息业务部门的生产计划、项目任务、项目进度、项目质量及人员、装备、经费等内容的网络化、流程化、自动化管理，实现复杂网络管理环境下业务管理流程的多级联动和管理信息的互联互通，提升全国基础测绘生产计划统筹调度能力。

一、业务管理数据库构建

业务管理数据库是测绘地理信息生产与服务业务管理信息的集合。通过采集、交换、汇集、存储等手段，在国家局、直属局或省局、生产单位等各级节点建立各类数据库，共同构成测绘地理信息生产与服务管理业务资源数据库，为各类业务管理和综合决策分析提供数据支撑。

数据库分为业务管理应用数据库和综合决策分析数据库，其中，业务管理应用数据库主要包括各级生产服务业务管理中涉及的机构和人员信息库、经费信息库、装备信息库（设备、软件等信息）和项目信息库，不同管理级别对业务管理信息和综合决策分析信息管理粒度不同。

在数据库建设中，须规范各级测绘地理信息部门的业务管理信息资源分类、数据库建设内容，明确数据库更新维护职责和应用权限等。国家局、直属局或省局、生产单位的数据库建设应从应用需求的迫切程度、应用的深度和广度出发，明确数据库建设的先后顺序、建设规模和数据粒度，优先进行业务管理应用数据库建设。

二、业务管理信息化平台构建

业务管理信息化平台将为各类业务管理应用系统的建设、运行、协同提供统一支撑，主要内容包括为各类业务应用系统提供统一身份认证和单点登录等统一接入服务，提供业务数据、业务流程、业务表单、地图服务、统计报表等建模服务，提供内外网数据交换等交换服务。

业务管理信息化平台与各类业务管理系统配套使用，能够集成项目管理系统、装备管理系统、财务管理系统、人员管理系统等各类业务系统，满足新型基础测绘项目的全过程规范化运行管理。

三、各类业务管理系统构建

业务管理系统主要用于支撑新型基础测绘业务的全国统筹、分级管理，其能够为各级测绘地理信息管理部门协同提供基础测绘核心项目管理业务服务及相关的人员管理、经费管理、装备管理服务，同时为各级测绘地理信息领导机关提供决策所需的业务管理信息汇总、分析服务等。业务管理系统分为国家级业务管理系统、省级业务管理系统及生产院级的生产业务管理系统、质检业务管理系统和服务业务管理系统。

（一）国家级和省级业务管理系统

国家级和省级业务管理系统通过网络化、流程化、自动化的方式，实现基础测绘项目的项目立项、计划编制、技术设计、组织实施、验收、监督检查等全业务流程的信息化管理，为基础测绘项目的科学化、规范化管理提供信息化手段，有效督促各环节工作优质高效地落实。同时系统借助测绘地理信息业务信息管理平台的基础支撑能力，实现与生产业务管理系统、服务业务管理系统、质检业务管理系统等各类业务系统管理指令的下达、业务信息的交换，形成一体化的业务管理模式。

（二）生产业务管理系统

依托业务管理信息化平台，结合各级生产单位的实际情况建设的生产业务管理系统，将生产过程中的人员、设备、数据等要素进行入网受控管理，形成网络化、规范化和协同化的作业模式，同时，将合同、项目、产值、行政等业务纳入管理系统内统一管理，并实现与其他系统业务信息的实时交换。

（三）质检业务管理系统

按照国家质量检查标准，以业务管理信息化平台为基础，围绕质检项目申请、审批、下达、质量进度监控、质量信息收集和质量信息统计分析等测绘地理信息产品质检业务，结合质检站地图审查、仪器检定、技能鉴定、测绘产品质量监督检验等其他业务和日常辅助管理活动，建设面向质检站的质检业务管理系统，实现测绘地理信息成果质检、地图审查、仪器检定、技能鉴定各类业务的项目管理、管理指令的下达、进度与质量控制等。

（四）服务业务管理系统

服务业务管理系统依托测绘地理信息业务信息管理平台，围绕各生产单位的各种项目，实现服务产品生产和提供项目的全过程管理及业务流程管控，形成流程化和规范化的业务办理与流转机制。

四、综合计划管理与决策支持系统

为促进管理决策者能够更准确及时地了解测绘地理信息部门的全局业务，须打通国家局与省局、直属局业务系统之间的信息脉络，加强上下业务的连通与统筹管理，实现对基础测绘的业务动态监管、资源灵活调配、流程优化调整。

综合计划管理与决策支持系统能够从各类业务管理系统中整合抽取（ETL）决策分析基础数据，面向人力资源状况评估、装备资源评估、经费使用评价、项目动态调控、项目实施评价、服务质量评价等主题进行决策分析，产生决策支持结果，为综合管理计划指令下达提供依据。其中，人力资源状况评估提供人员岗位结构分析、人员年龄结构分析、人员文化教育程度等多个维度的人力资源状况评估，为有效配置国家测绘地理信息局所属各单位人力资源情况提供依据。装备资源评估提供各级测绘部门各种装备资源数量、装备资源使用状况等多维度的分析评估，为各单位装备配备提供决策依据。经费使用评价提供项目整体各类支出分布统计、项目经费支付分布统计等分析功能。项目动态调控依据基础测绘需求、生产资源配置情况动态调整生产计划。项目实施评价通过项目中期检查评估、验收评估以及项目质量评估、进度评估等维度对项目实施情况进行评价。服务质量评价提供项目内部部门对应用测绘成果的评价分析、公众对测绘成果评价分析以及成果质量评价分析等功能。

第四章 地面三维激光扫描技术的测绘应用

第一节 地面三维激光扫描技术在测绘领域中的应用

随着地面三维激光扫描技术的快速发展，在传统测绘领域中的应用越来越多，许多学者已经取得了一定的研究成果。本章将简要介绍其在测绘领域中的应用，主要包括地形图测绘、地籍测绘、土方和体积测量、监理测量、变形监测、工程测量。

一、地形图与地籍测绘

（一）地形图测绘应用研究

传统的地形图测绘是利用全站仪、GPS接收机等仪器进行特征点野外采集，内业根据有限的特征点进行地形图绘制。在自然条件相对复杂的地区，传统的地形图测绘技术测量效率较低，外业测量条件艰苦。三维激光扫描技术的最基本的应用之一就是地形图绘制。与传统的手段相比，它具有高效率、细节丰富、成果形式多样、智能化、兼容性强等优点。与传统的测量方式相比，将三维激光扫描技术应用在大比例尺测图中测量得更快更准确，能够减少工作人员的劳动强度。自三维激光扫描技术进入测绘地理信息领域，一些专家学者就在不断地进行地形图测绘方面的尝试，主要是用于困难区域快速地形图测绘，例如铁路快速地形图测绘，主要的应用目的是提高作业效率；油气田老旧站场改扩建地形图测绘，地面三维激光扫描技术体现出了精度高、测量精细、成果形式丰富等特点，另外，地面三维激光扫描技术和无人机激光扫描技术相结合用于城区1∶500地形图测绘也开始进行技术探索，并取得了较好的效益。

尽管地面三维激光扫描技术在地形测绘方面取得了一定的应用成果，但是也存在一些不足，例如硬件设备昂贵、软件不成熟、地物特征点自动半自动化提取效率低等问题。数据采集方面也存在数据不完整性等问题，未来近景摄影测量与地面三维激光扫描技术相结合来解决数据部分缺失问题是一个发展趋势。

（二）地籍测量应用研究

地籍测量是地籍调查的一部分工作内容，地籍调查包括土地权属调查和地籍测量。地籍测量是在权属调查的基础上运用测绘科学技术测定界址线的位置、形状、数量、质量，计算面积，绘制地籍图，为土地登记、核发证书提供依据，为地籍管理服务。传统的地籍测量借助全站仪、GPS进行特征点数据采集，劳动强度大、作业效率低。将三维激光扫描技术用于地籍测量，主要是通过三维激光移动测量系统快速完成测区房屋的三维点云数据采集，经过精度验证后，基于高精度的点云数据进行矢量地籍图生产的综合解决方案。主要工作流程包括外业踏勘、外业数据采集（点云数据采集）、精度验证/纠正、地籍内业成图、地籍外业调绘等步骤。该项技术在地籍测绘中的应用，不仅大大降低了劳动强度，提高了外业数据的采集效率，还革新了地籍测量的生产工艺。但是由于激光扫描设备的价格昂贵，地面三维激光扫描系统获取地籍测量数据还存在部分数据缺失问题，点云中地籍要素自动提取效率低，内业数据处理软件还有待改进等因素影响，该项技术在地籍测绘中的应用受到了较大的限制。

近年来，已经有多种平台激光扫描技术配合使用的成功项目案例。河北省地矿局第六地质大队在河北省某市某镇城区开展土地确权登记颁证工作中的地籍测绘部分进行了应用探索。项目选择了SSW车载移动测量系统和3D激光扫描仪。3D激光扫描仪主要用于对SSW车载移动测量系统测量工作的补充与核查。在实际的地籍测量工作中，结合测区实际情况进行综合考虑，将二者结合起来，实现了优势互补。

二、土方和体积测量

传统的土方量计算以全站仪、水准测量、GPS、RTK等单点量测方法为主，在外业实测离散点的基础上，利用断面法、方格网法、等高线法、平均高程法、不规则三角网法和区域土方量平衡法建立土方量计算模型进行土方量计算。一方面，土方工程表面形状通常具有复杂性，数据采集较为困难，数据采集花费的时间比较长，外业工作人员比较辛苦；另一方面，采用单点量测得到的特征点具有稀疏性，难以全面描述土方工程表面的三维信息，致使通过单点量测获得的土方计算结果与实际土方量存在差异。三维激光扫描速度、精度及采集点密度高等优点使得它可以测量和监测土方填充的体积，如果基准面已知，通过测量新的地形表面，减去它的基准面，就可得到需要填充的土方量，在采矿或采石时，通过三维激光扫描仪可以获得矿的体积，而这种技术相对于传统的测量技术，速度快、精度高。

土方测量是项目施工中必须做的工作，近年来，地面三维激光扫描仪在这方面的工作取得了一定的应用研究成果，工程的覆盖范围包括机场施工土方计算、矿堆矿方量、滑坡体积、粮仓储存空间、船舶容积、油罐体等。从数据采集技术工艺到数据处理软件的采用、软件的编写等方面都有研究。

基本技术流程包括激光扫描数据获取、激光数据预处理、体积求算、精度分析等。

目前，多数地面三维激光扫描仪的后处理软件都具有土方量与体积计算的功能，限制其广泛应用的主要原因是仪器价格昂贵、获取扫描数据有时会存在一定困难等。随着技术问题的解决和三维激光扫描价格的下降，相信地面三维激光扫描技术在土方计算方面的推广应用前景广阔。

三、监理测量应用研究

从技术规范上讲，监理测量和施工测量没有太大区别，但两者的功能和目的决定了两者的区别。施工测量侧重于测量的技术职能，而监理测量则更侧重于测量的管理及评价职能。从监理测量的属性和目的来看，监理测量更要把握测量的效率和可靠性的统一。传统的监理测量采用和施工测量同样的技术手段进行抽样测量，利用统计学理论对测量成果进行评价，这样就会产生一个矛盾，即如果采样不足就会影响成果评价的可靠性，反之就会影响成果评价的效率。这种效率和可靠性的矛盾一直是监理测量的瓶颈。大多数监理单位为配合施工单位的施工进度往往强调效率，这也为施工安全和质量埋下了隐患。三维激光扫描技术的出现让监理测量看到了曙光，它的高效率和全面的特性能有效解决监理测量中的瓶颈问题。三维激光扫描是真实场景复制，资料具有客观可靠性，可作为施工单位整改的依据。这些特点正是三维激光扫描技术应用到监理测量领域内的基础。

基于地面激光点云的建/构筑物施工监测与质量检测技术作为具有很强实用价值的技术已经得到广泛应用，但是仅限于一些典型的建/构筑物变形监测案例的辅助手段或试验阶段，并没有成为核心技术；在监测特征的提取方面，大多数监测特征需要人工提取，耗时长且精度不易保证，现有自动提取特征算法限于特征及噪声数据干扰，往往不是所需特征；现有的成果数据的分析方法各异，普遍存在自动化程度低、分析成果形式多样的问题。

总体来说，当前基于地面激光点云的监测技术自动化程度低，数据处理耗时较长，缺乏成形的系统理论和规范标准的指引。在该技术领域发展中，需要进一步研究结合少量控制点的针对性快速自动配准算法，对配准算法的收敛速度、可靠性和稳定性做进一步的研究；研究对监测特征或特定监测目标的半自动或自动提取算法进行改进，并且结合先验知识充分挖掘点云中所包含的几何特征，以提高特征提取精度；针对一般成果分析方法，在保证精度要求的前提下，需要探索规范的流程及分析方法，并制定出相关标准、规范及工法，推动该技术在建/构筑物变形监测领域广泛应用并实现技术规范化。

四、变形监测应用研究

自然界中由于变形造成的灾害现象很普遍，如地震、滑坡、岩崩、地表沉陷、火山爆发、溃坝、桥梁与建筑物的倒塌等。传统的变形测量方式是在进行变形监测时，在变形体上布设监测点，而且点数有限，从这些点的两期测量的坐标之差获得变形数据，精度很高（一般可以到毫米级）。但从有限的点数所得到的信息也很有限，不足以完全体现整个变形体的实际情况。

而地面三维激光扫描仪可以以均匀的精度进行高密度的测量，测量的数据可以获得更多的信息。与基于全站仪或GPS的变形监测相比，其数据采集效率较高，而且采样点数要多得多，形成了一个基于三维数据点的离散三维模型数据场，这样能有效避免以往基于变形监测点数据的应力应变分析结果中所带有的局部性和片面性（即以点代替面的分析方法的局限性）；与基于近景摄影测量的变形监测相比，尽管它无法像近景摄影测量那样能形成基于光线的连续三维模型数据场，但它比近景摄影测量具有更高的工作效率，并且其后续数据处理也更为容易，能快速准确地生成监测对象的三维数据模型。

变形监测的最大特点是精度要求较高，因此，能否应用三维激光扫描技术进行变形监测主要取决于三维激光扫描仪的测量精度是否能够达到工程要求。此外，三维激光扫描设备昂贵、后处理软件不成熟以及缺乏相应的标准规范等因素也限制了其在变形监测领域的应用。但随着技术的进步，三维激光扫描技术的优势会使其在变形监测领域将有着广阔的应用前景。

将地面三维激光扫描技术应用于工程项目的变形监测方面，一些学者进行了应用研究，成果主要体现在以下四个方面：

1.建筑物变形监测。应用研究的重点集中在异型建筑物变形方面，还有古建筑变形监测的研究（如北京市大钟寺工程、苏州虎丘塔），都取得了较好的效果。

2.桥梁变形监测。对于桥梁变形监测，已经从过去的技术可行性研究方面，逐步过渡到后处理方法的研究，例如对不同桥梁状态数据采集后的点云数据进行自动化对比，提取出变形区域。

3.隧道变形监测。目前已有学者提出了基于激光扫描技术的隧道变形分析方法，例如断面分析法、基于点云根据曲线拟合的隧道面自动提取方法等，重点已经集中到了数据处理方法的效率方面，并取得了较好的效果。

4.地表形变监测。代表性的应用研究集中在数据后处理方面，例如在点云数据基础上，生成DEM或直接进行对比，并对不同的方法带来的结果进行对比分析，探索更为有效的地表变形分析方法。

五、工程测量应用研究

工程测量包括在工程建设勘测、设计、施工和管理阶段所进行的各种测量工作，是直接为各项建设项目的勘测、设计、施工、安装、竣工、监测以及营运管理等一系列工程工序服务的。一些学者对地面三维激光扫描技术在工程测量方面的应用进行了研究，成果主要包括以下四个方面：

1.隧道工程方面。包括地铁隧道断面测量、断面测量数据自动提取等，提高了隧道测量的效率。

2.道路工程方面。主要是用于提高传统道路工程检测效率、路面坑槽多维度指标检测，以及结合车载移动测量进行道路工程的数据采集。

3.竣工测量方面。主要是各类工程的三维竣工方面，有地铁竣工、城市建筑竣工、轨道交通竣工等，主要是技术流程和精度分析方面的应用，体现了激光扫描数据的细节丰富、高精度、三维等特性。

4.输电线路方面。主要有输电线的安全分析、特高压输电线测绘，以及输电线三维可视化方面的研究，体现了三维激光扫描技术的三维、高效等特性。

由于仪器设备昂贵、后处理软件效率低等原因，目前工程测量方面应用的普及率还有待提高。

第二节　地面三维激光扫描技术在其他领域中的应用

随着地面三维激光扫描技术的不断发展，应用领域也在不断扩大，目前已涉及很多行业。

一、地质领域中的应用

在地质研究领域，三维激光扫描技术与传统测量手段相比，具有测量简单、便捷；测量结果精确，采集信息全面，数据后处理简单，可直接基于三维结果信息进行计算和分析，非接触，大场景测量，效率更高，减小测量工作对环境的依赖和局限的优势。地面三维激光扫描技术为地质研究提供了一种新的工具和手段。近年来，国内多家高校、科研单位、施工单位已经尝试着将三维激光扫描技术与地质调查、滑坡监测、地质灾害研究等结合起来，探讨该技术在相关领域的实际应用，并积累了丰富的经验，目前在地质领域主要的应用方向有以下四个方面：

（一）边坡安全监测

边坡破坏的预测以及边坡破坏后的状况把握及二次灾害的防治等都需要及时、准确地掌握边坡体的三维信息，三维激光扫描仪可以用于边坡体灾害发生前后的地形变化测绘，二次破坏的预测以及边坡破坏前兆的把握和危险性评估。

通过三维激光扫描仪获取地形数据后，可以利用软件快速构建DEM以及TIN网数据。徕卡Cyclone数据后处理软件就提供了便捷的数字高程模型建立功能，并可实现坐标转换，将数据快速地转换到WGS-84坐标系或者地方坐标系。转换后的数据可以进行如下分析：①平面图的重合比较；②等高线的重合比较；③断面图的重合比较；④断面图的差分比较；⑤直接基于三维DEM分析变化部位及位移量。

三维激光扫描仪在边坡三维形状获取、加固方案设计、边坡灾害对策及安全监测等方面都具有其独到的方便性及先进性。测量设站灵活方便，测量效率高，获取的数据可以直接进行处理，得到基础信息或分析结果。

（二）地质露头研究

三维激光扫描仪可以为地质露头层序地层相关的研究提供准确的数据，通过扫描可以获取露头的三维模型，为地质灾害预防、地震研究、矿藏探测等提供基础资料。

集成了内置相机的三维激光扫描仪可以同时获取高清晰的影像数据，为后期的分析和研究提供了更翔实的信息，通过软件快速构建彩色点云模型以及彩色的Mesh模型，并可以直接在三维空间实现点、线、面、体等信息的完整提取，数据可以通过DXF格式导出到其他后续绘图软件中。

在地质露头研究中，三维激光扫描仪发挥了非接触、高精度、高分辨率测量的优势，从而大大减少了野外数据采集的时间，并能够获取更完整的信息。

（三）地质裂缝研究

通过挖掘地质探槽，可以更准确地掌握地质裂缝的信息。地质探槽反映了地层状况，地质裂缝的三维形状。通过三维激光扫描技术，可以记录和获取整个探槽的完整三维信息。

1.通过三维激光扫描仪扫描和拍照获取高密度空间点云数据和高清晰的照片，扫描仪内置相机的照片可以直接映射到点云上，形成彩色点云数据。彩色点云数据可以直接进行量测，并可以通过虚拟测绘功能将特征数据导出到其他软件做进一步分析和计算。

2.基于点云数据，通过Geomagic软件可制作出高精度三角网模型，映射纹理照片，最终得到彩色三角网模型用于浏览和分析。

（四）地质滑坡与灾害治理

滑坡监测的技术和方法正在从传统的单一监测模式向点、线、面立体交叉的空间模式发展。具体来讲，可以概括为两种：一种是滑坡监测的传统方法，主要指全站仪测量方法、摄影测量方法及GPS监测系统等；另一种是基于新技术和新仪器的滑坡监测新方法，如合成孔径雷达干涉测量（InSAR）技术、三维激光扫描技术。

地面三维激光扫描仪是一种集成多种高新技术的新型测绘仪器，已逐渐被应用于变形监测之中，为滑坡监测提供了可供选择的新方案。在滑坡发生后，如何在第一时间获得现场数据无疑是人们最关心的。传统的测量方式耗时耗力，还不便于救援工作的展开。地面三维激光扫描技术在地质灾害监测中具有快速测量、非接触测量、高度一体化和全景扫描的优势。

二、矿业领域中的应用

针对地面三维激光扫描仪在矿业领域中的应用，近几年一些学者进行了相关应用研究，并取得了一定的研究成果，按照应用方向分类简述如下：

（一）露天矿三维模型重建与测量

利用三维激光扫描仪对测区进行扫描，建立的三维模型可应用于等高线、断面线、坡顶线、坡底线等的提取，产量核算，分析岩层、煤矿层高度等方面。丰富的点云数据不但为测量提供了有效的保证，更为矿山数字化、采矿设计、爆破提供了有效的三维实景。应用全数字三维激光扫描技术来开展露天矿山测量工作，明显优于传统的矿山测量技术。三维激光扫描技术是目前露天矿山地质测量中最有效、最快捷、最经济、最安全的技术手段。

有学者做了相关研究，主要有：以哈尔乌素露天煤矿为研究对象，介绍了徕卡三维激光扫描仪HDS8800在露天矿业方面数据获取与处理流程，利用软件对数据进行快速建模，生成DEM，并获得露天矿三维模型。以两次大规模滑坡的中煤平朔公司东露天矿边坡为研究背景，采用RIEGL VZ400三维激光扫描仪获取露天矿边坡点云数据。完成了长约2km的露天矿边坡三维模型重建工作。研究结果表明：三维激光扫描结果符合工程实际特征，三维激光扫描技术是一种快速建立矿山边坡数字模型的有效手段。

（二）井架变形监测

井架是采矿、石油钻探等设备的重要组成部分，在日常使用过程中，由于矿石、钻具等多次提升，基础不均匀下沉以及外力作用等因素，导致井架变形，其发展后果将可能造成安全事故。为了安全生产，必须随时掌握井架变形情况，以便及时采取措施。对比较高的井架进行变形监测时，常用的变形监测方法是：在井架周围地质基础比较稳固的地方埋设基准点，在井架可能产生较大变形的部位布设观测点，在基准点安置测量仪器对观测点进行观测。三维激光扫描测量技术适合于大面积或者表面复杂的物体测量及其物体局部细节测量，计算目标表面、体积、断面、截面、等值线等，为测绘人员突破传统测量技术提供了一种全新的数据获取手段。

（三）开采沉陷监测

对于矿山开采引起的地表沉陷研究，传统方法存在如下缺陷：受地表条件限制，布站难；测点维护困难，观测过程中测点缺失严重；观测工作量大，获取数据量少。

在这方面已经有学者进行了研究，并取得了一些成果，主要有：采用三维激光扫描仪对开采引起的地表沉陷进行观测，得到整个区域的下沉值，通过设置部分固定测点，获得水平移动值，得到整个监测区域的移动变形情况，根据三维激光扫描技术的特点分析其在矿区沉陷监测中的应用可行性，结果显示，使用三维激光扫描技术进行矿区沉陷监测完全能够在保证效率的同时满足精度的要求。以重庆市某采煤沉陷区为研究对象，通过对研究区两个时期三维激光扫描数据的采集，以及对两期监测数据处理和对比分析，获取了监测区点变形量值、剖面线变形趋势、地表整体变形等监测成果。与单点变形监测相比，三维激光扫描技术弥补了其缺乏线性变形及整体变形特征的不足，该技术应用于地面沉陷矿区的地表变形监测具有一定的可行性和应用价值。

（四）地下采空区变形监测

对于地下采空区变形，传统的岩体内部变形监测主要采用多点位移计、钻孔倾斜仪等手段，空区（含巷道）变形监测主要采用顶板沉降仪、收敛计、伸长仪以及水准仪、经纬仪等测量学方法和手段。传统的变形监测方法存在以点观测，观测数据量少，无法或难以监测无人空区，人工观测效率低、劳动强度大而且时效性差，不能定量地观测空区垮落等缺点。三维激光扫描系统采集数据的密度高、速度快，受环境和时间的影响相对较小，具有强大的数字空间模型信息获取等优点，应用前景广泛。

有学者开发了地下采空区三维激光扫描变形监测系统，该系统可以实现在井上远程监控，通过发送指令可以实时控制三维激光扫描仪进行扫描，扫描的空区点云数据通过通信系统传给远程的监控系统。通过VTK搭建的三维可视化环境，可以实现对三维点云数据的平移、旋转、缩放、颜色设置、线框模式显示、三维重建、体积计算等。

地面三维激光扫描技术还可以应用于土地复垦、煤矸石山治理及区域测绘、滑坡体监测、数字矿山等生产或研究活动。

三、林业领域中的应用

随着三维激光扫描技术的出现，其在林业方面也得到了广泛应用。相关林业调查、植被分析软件，可以利用三维点云数据来快速保存被调查植被的各方面信息，可方便提取植物树冠、胸径等数据，方便进行林业数据的分析和保存。此外，相比传统采集手段来说，通过软件自动化、大批量、高效率地获取所需要的数值，既快又准，而且不用砍伐树木就可获取植被关键参数，保证了生态的可持续发展，将林业调查对环境的伤害程度降到最低。

目前，国外许多林业科研工作者就三维激光扫描技术在林业中的应用进行了深入探讨。研究内容主要集中在测树因子获取、林分结构研究以及单木三维重建等方面，并获得了一定的成果。与国外相比，地面三维激光扫描仪技术在我国林业领域的应用相对较少，目前仅局限于基本测树因子获取和单木三维重建两个方面。

四、水利工程领域中的应用

水利工程按目的或服务对象可分为：防治洪水灾害的防洪工程；防治旱、涝、渍灾为农业生产服务的农田水利工程，或称灌溉和排水工程；将水能转化为电能的水力发电工程；改善和创建航运条件的航道和港口工程；为工业和生活用水服务，处理和排除污水和雨水的城镇供水和排水工程；防治水土流失和水质污染，维护生态平衡的水土保持工程和环境水利工程；保护和增进渔业生产的渔业水利工程；围海造田，满足工农业生产或交通运输需要的海涂围垦工程等。

三维激光扫描技术在水利工程建设的斜坡稳定性研究、高陡边坡地质调查、水利枢纽的地形地貌三维数据采集，输水、送电线路的选择、虚拟技术的逆向建模、变形观测等众多领域中得到了广泛应用。地面三维激光扫描技术在水利工程中的应用主要体现在以下四个方面：

（一）水利水电工程地形测绘

地形测绘是水利水电工程规划和建设的基础工作，三维激光扫描仪这种无接触、高自动化、高精度的测量方式较传统测量方式有很大的优势，在地况较复杂的水利工程地形测绘中更是一条捷径。

（二）水位库容和三维尺寸测量

水利工程在勘察、设计、施工、监测、抢险中进行地形等高线测绘和长度、面积、体积等三维尺寸测量时，传统的单点测量工作量大，周期长，特别是在针对陡崖、高边坡测量时危险性高。在我国，有一批建成于20世纪50至80年代的水利工程，很大一部分的工程图纸由于各种原因已经散失，需要对其重新测绘，以规范工程管理，并为后期的安全鉴定和除险加固提供详细的工程资料。针对上述问题，也可通过常规全站仪测量、数字投影测量等方法解决，这些技术方法的应用需要配合大量的外业测量工作和数据整理、影像畸变校正等复杂的内业工作。而三维激光扫描技术为解决上述问题提供了实用、快速、准确的技术解决方案。

（三）水利工程三维虚拟场景制作

通过海量数据库的建设，可以实现大批量工程图的三维化，实现二、三维数据一体化存储管理、一体化发布、一体化查询显示、一体化分析。同时，也为政府各职能部门提供了科学高效的管理方法，为决策层提供决策所需要的基础数据，让管理更加直观、有效，从而提高了人力、物力的利用效率。

（四）河道测量

河道测量是进行河流开发整治和河道水文模拟的基础，传统的河道测量工作量大、效率较低，采样密度有限，其数据获取方式和处理模式已经不能完全满足河流信息化的需求。近年来，随着激光雷达的发展，三维激光扫描仪和移动测量系统也被应用到河道测量中，它能对物体进行三维扫描，从而快速获取目标的高密度三维坐标，同时三维激光扫描技术也是一种实时性、主动性、非接触、面测量的数据获取手段。

三维激光扫描系统进行陆地测量将是今后山区河道地形观测的方向之一，不仅可减轻外业测量强度，同时也可避免山区陡峭区域跑点带来的安全生产隐患。

另外，三维激光扫描技术还可应用于水利工程的变形监测，例如大坝、土石坝、面板堆石坝挤压边墙等，还可应用于水利工程的安装测量。

第五章　测绘中遥感技术的应用

第一节　遥感基础

一、遥感的概念

20世纪地球科学进步的一个突出标志是人类开始脱离地球从太空观测地球，并将得到的数据和信息在计算机网络上以地理信息系统形式存储、管理、分发、流通和应用。通过航空航天遥感（包括可见光、红外、微波和合成孔径雷达）、声呐、地磁、重力、地震、深海机器人、卫星定位、激光测距和干涉测量等探测手段，获得了有关地球的大量地形图、专题图、影像图和其他相关数据，加深了对地球形状及其物理化学性质的了解及对固体地球、大气、海洋环流的动力学机理的认识。利用对地观测新技术，不仅开展了气象预报、资源勘探、环境监测、农作物估产、土地利用分类等工作，还对沙尘暴、旱涝、火山、地震、泥石流等自然灾害的预测、预报和防治展开了科学研究，有力地促进了世界各国的经济发展，提高了人们的生活质量，为地球科学的研究和人类社会的可持续发展做出了贡献。

什么是遥感呢？20世纪60年代，随着航天技术的迅速发展，美国地理学家首先提出了"遥感"（Remote Sensing）这个名词，它是泛指通过非接触传感器遥测物体的几何与物理特性的技术。

按照这个定义，摄影测量就是遥感的前身。

遥感（Remote Sensing）顾名思义就是遥远感知事物的意思，也就是不直接接触目标物体，在距离地物几千米到几百千米甚至上千千米的飞机、飞船、卫星上，使用光学或电子光学仪器（称为传感器）接收地面物体反射或发射的电磁波信号，并以图像胶片或数据磁带记录下来，传送到地面，经过信息处理、判读分析和野外实地验证，最终服务于资源勘探、动态监测和有关部门的规划决策；通常把这一接收、传输、处理、分析判读和应用遥感数据的全过程称为遥感技术。遥感之所以能够根据收集到的电磁波数据来判读地面目标物和有关现象，是因为一切物体，由于其种类、特征和环境条件的不同，而具有完全不同的电磁波的反射或发射辐射特征。因此，遥感技术主要建立在物体反射或发射电磁波的原理基础之上。

遥感技术的分类方法很多。按电磁波波段的工作区域，可分为可见光遥感、红外遥感、微波遥感和多波段遥感等。按被探测的目标对象领域不同，可分为农业遥感、林业遥感、地质遥感、测绘遥感、气象遥感、海洋遥感和水文遥感等。按传感器的运载工具的不同，可分为航空遥感和航天遥感两大系统。航空遥感以飞机、气球作为传感器的运载工具，航天遥感以卫星、飞船或火箭作为传感器的运载工具。目前，一般采用的遥感技术分类是：先按传感器记录方式的不同，把遥感技术分为图像方式和非图像方式两大类；再根据传感器工作方式的不同，把图像方式和非图像方式分为被动方式和主动方式两种。被动方式是指传感器本身不发射信号，而是直接接收目标物辐射和反射的太阳散射；主动方式是指传感器本身发射信号，然后再接收从目标物反射回来的电磁波信号。

二、遥感的电磁波谱

自然界中凡是温度高于-273℃的物体都发射电磁波。产生电磁波的方式有能级跃迁（即发光）、热辐射以及电磁振荡等，所以电磁波的波长变化范围很大，组成一个电磁波谱。

在遥感技术中，电磁波一般用波长表示，其单位有Å（埃）、nm、μm、cm等。目前遥感技术所应用的电磁波段仅占整个电磁波谱中的一小部分，主要在紫外、可见光、红外、微波波段。

为什么卫星遥感不能使用所有的电磁波波段呢？这主要是因为电磁波必须透过大气层才能到达卫星遥感器并被接收和形成数据记录。我们知道，在地球表面有一层浓厚的大气，由于地球大气中各种粒子与天体辐射的相互作用（主要是吸收和反射），使得大部分波段范围内的天体辐射无法到达地面。人们把能到达地面的波段形象地称为"大气窗口"，这种"窗口"有三个。其中光学窗口是最重要的一个窗口，其波长在300 ~ 700nm之间，包括了可见光波段（400 ~ 700nm），光学望远镜一直是地面天文观测的主要工具。第二个窗口是红外窗口，红外波段的范围在0.7 ~ 1000μm之间，由于地球大气中不同分子吸收红外线波长不一致，造成红外波段的情况比较复杂。对于天文研究常用的有七个红外窗口。第三个窗口是射电窗口，射电波段是指波长大于1mm的电磁波。大气对射电波段也有少量的吸收，但在40mm ~ 30m的波段范围内，大气几乎是完全透明的，我们一般把1mm ~ 30m的波段范围称为射电窗口。

第二节　遥感信息获取

任何一个地物都有三大属性，即空间属性、辐射属性和光谱属性。任何地物都有空间明确的位置、大小和几何形状，这是其空间属性；对任一单波段成像而言，任何地物都有其辐射特征，反映为影像的灰度值；而任何地物对不同波段有不同的光谱反射强度，从而构成其光谱特征。

使用光谱细分的成像光谱仪可以获得图谱合一的记录，这种方法称为成像光谱仪或高光谱（超光谱）遥感。地物的上述特征决定了人们可以利用相应的遥感传感器，将它们放在相应的遥感平台上去获取遥感数据。利用这些数据实现对地观测，对地物的影像和光谱记录进行计算机处理，测定其几何和物理属性，回答何时（When）、何地（Where）、何种目标（What Object）发生了何种变化（What Change）。这里的四个 W 就是遥感的任务和功能。

一、遥感传感器

地物发射或反射的电磁波信息通过传感器收集、量化并记录在胶片或磁带上，然后进行光学或计算机处理，最终才能得到可供几何定位和图像解译的遥感图像。

遥感信息获取的关键是传感器。由于电磁波随着波长的变化其性质有很大的差异，地物对不同波段电磁波的发射和反射特性也不大相同，因而接收电磁辐射的传感器的种类极为丰富。依据不同的分类标准，传感器有多种分类方法。按工作的波段可分为可见光传感器、红外传感器和微波传感器。按工作方式可分为主动传感器和被动传感器。被动式传感器接收目标自身的热辐射或反射太阳辐射，如各种相机、扫描仪、辐射计等；主动式传感器能向目标发射强大的电磁波，然后接收目标反射回波，主要指各种形式的雷达，其工作波段集中在微波区。按记录方式可分为成像方式和非成像方式两大类。非成像的传感器记录的是一些地物的物理参数。在成像系统中，按成像原理可分为摄影成像、扫描成像两大类。

尽管传感器种类多种多样，但它们具有共同的结构。一般来说，传感器由收集系统、探测系统、信号处理系统和记录系统四个部分组成。只有摄影方式的传感器探测与记录同时在胶片上完成，无须在传感器内部进行信号处理。

（一）收集系统

地物辐射的电磁波在空间是到处传播的，即使是方向性较好的微波，在远距离传输后，光束也会扩散，因此接收地物电磁波必须有一个收集系统。该系统的功能在于把收集的电磁波聚焦并送往探测系统。扫描仪用各种形式的反射镜以扫描方式收集电磁波，雷达的收集元件是天线，二者都采用抛物面聚光，物理学上称抛物面聚光系统为卡塞格伦系统。如果进行多波段遥感，那么收集系统中还包括按波段分波束的元件，一般采用各种色散元件和分光元件，如滤色片、分光镜和棱镜等。

（二）探测系统

探测系统用于探测地物电磁辐射的特征，是传感器中最重要的部分。常用的探测元件有胶片、光电敏感元件和热电灵敏元件。探测元件之所以能探测到电磁波的强弱，是因为探测器在光子（电磁波）作用下发生了某些物理化学变化，这些变化被记录下来并经过一系列处理便成为人眼能看到的像片。感光胶片便是通过光学作用探测近紫外至近红外的电磁辐射。这一波段的电磁辐射能使感光胶片上的卤化银颗粒分解，析出银粒的多少反映了光照的强弱，并构成地面物像的潜影，胶片经过显影、定影处理，就能得到稳定的、可见的影像。

光电敏感元件是利用某些特殊材料的光电效应把电磁波信息转换为电信号来探测电磁辐射的。其工作波段涵盖紫外至红外波段，在各种类型的扫描仪上都有广泛的应用。光电敏感元件按其探测电磁辐射机理的不同，又分为光电子发射器件、光电导器件和光伏器件等。光电子发射器件在入射光子的作用下，表面电子能逸出成为自由电子，相应地，光电导器件在光子的作用下自由载流子增加，导电率变大；光电器件在光子作用下产生的光生载流子聚焦在二极管的两侧形成电位差，这样，自由电子的多少、导电率的大小、电位差的高低就反映了入射光能量的强弱。电信号经过放大、电光转换等过程，便成为人眼可见的影像。

还有一类热探器是利用辐射的热效应工作的。探测器吸收辐射能量后，温度升高，温度的改变引起其电阻值或体积发生变化。测定这些物理量的变化便可知辐射的强度。但热探测器的灵敏度和响应速度较低，仅在热红外波段应用较多。

值得一提的是雷达成像。雷达在技术上属于无线电技术，而可见光和红外传感器属光学技术范畴。雷达天线在接收微波的同时，就把电磁辐射转变为电信号，电信号的强弱反映了微波的强弱，但习惯上并不把雷达天线称为探测元件。

（三）信号处理系统

扫描仪、雷达探测到的都是电信号，这些电信号很微弱，需要进行放大处理；另外有时为了监测传感器的工作情况，须适时将电信号在显像管的屏幕上转换为图像，这就是信号处理的基本内容。目前很少将电信号直接转换记录在胶片上，而是记录在模拟磁带上。磁带回放制成胶片的过程可以在实验室进行，这与从相机上取得摄像底片然后进行暗室处理得到影像的过程极为类似，可使传感器的结构变得更加简单。

（四）记录系统

遥感影像的记录一般分直接与间接两种方式。直接记录方式有摄影胶片、扫描航带胶片、合成孔径雷达的波带片；还有一种是在显像管的荧光屏上显示图像，再用相机翻拍成的胶片。间接记录方式有模拟磁带和数字磁带。模拟磁带回放出来的电信号，通过电光转换可显示为图像；数字磁带记录时要经过模数转换，回放时则要经过数模转换，最后仍通过电转换才能显示图像。

二、遥感平台

遥感中搭载传感器的工具统称为遥感平台（Platform）。遥感平台包括人造卫星、航天航空飞机乃至气球、地面测量车等。遥感平台中，高度最高的是气象卫星GMS风云2号等所代表的地球同步静止轨道卫星，它位于赤道上空36000km的高度上。其次是高度为400～1000km的地球观测卫星，如Landsat、SPOT、CBERS 1以及IKONOS Ⅱ、"快鸟"等高分辨率卫星，它们大多使用能在同一个地方同时观测的极地或近极地太阳同步轨道。其他按高度排列主要有航天飞机、探空仪、超高度喷气飞机、中低高度飞机、无线电遥探飞机乃至地面测量车等。

静止轨道卫星又称地球同步卫星，它们位于30000km外的赤道平面上，与地球自转同步，所以相对于地球是静止的。不同国家的静止轨道卫星在不同的经度上，以实现对该国有效的对地重复观测。

圆轨道卫星一般又称极轨卫星，这是太阳同步卫星。它使得地球上同一位置能重复获得同一时刻的图像。该类卫星按其过赤道面的时间分为AM卫星和PM卫星。一般上午10：30通过赤道面的极轨卫星称为AM卫星（如EOS卫星中的Terra），下午1：30通过赤道的卫星称为PM卫星（如EOS卫星中的Aqua）。

三、遥感数据的记录形式与特点

遥感数据的分辨率分为空间分辨率（地面分辨率）、光谱分辨率（波谱带数目）、时间分辨率（重复周期）和温度分辨率。

空间分辨率通常指的是像素的地面大小，又称地面分辨率。而到了20世纪90年代，由于高分辨长线阵和大面阵CCD问世，卫星遥感图像的地面分辨率大大提高。利用成像光谱仪和高光谱、超光谱遥感，可以大大地提高遥感的光谱分辨率，从而极大地增强对地物性质、组成与相互差异的研究能力。

时间分辨率指的是重复获取某一地区卫星图像的周期。提高时间分辨率有以下几种方法：一是利用地球同步静止卫星，可以实现对地面某一地区的多次、重复观测，可达到每小时、每半小时甚至更快地重复观测；二是通过多个小卫星组建卫星星座，从而提高重复观测能力；三是通过卫星上多个可以任意方向倾斜45°的传感器，从而可以在不同的轨道位置上对某一感兴趣目标点进行重复观测。

此外，对于热红外遥感，还有一个温度分辨率，目前可以达到0.5K，不久的将来可达到0.1K，从而提高定量化遥感反演的水平。

四、遥感对地观测的历史发展

现有的卫星遥感系统（科学试验、海洋遥感卫星、军事卫星除外）大体上可分为气象卫星、资源卫星和测图卫星3种类型。至今卫星遥感已取得了令人瞩目的成绩，从实验到应用、从单学科到多学科综合、从静态到动态、从区域到全球、从地表到太空，无不表明遥感已经发展到相当成熟的阶段。当代遥感的发展主要表现在它的多传感器、高分辨率和多时相特征上。

（一）多传感技术

已能全面覆盖大气窗口的所有部分。光学遥感可包含可见光、近红外和短波红外区域。热红外遥感的波长可达8 ~ 14μm。微波遥感外测目标物电磁波的辐射和散射，分被动微波遥感和主动微波遥感，波长范围为1 ~ 100cm。

（二）遥感的高分辨率特点

全面体现在空间分辨率、光谱分辨率和温度分辨率三个方面，长线阵CCD成像扫描仪可以达到0.4 ~ 2m的空间分辨率；成像光谱仪的光谱细分可以达到5 ~ 6nm的光谱分辨率；热红外辐射计的温度分辨率可以从0.5K提高到0.1 ~ 0.3K。

（三）遥感的多时相特征

随着小卫星群计划的推行，可以用多颗小卫星实现每3 ~ 5天对地表重复一次采样，获得高分辨率全色图像和成像光谱仪数据。多波段、多极化方式的雷达卫星将能解决阴雨多雾情况下的全天候和全天时对地观测。

第三节　遥感信息传输与预处理

随着遥感技术，特别是航天遥感的迅速发展，如何将传感器收集到的大量遥感信息正确、及时地送到地面并迅速进行预处理，以提供给用户使用，成为一个非常关键的问题。在整个遥感技术系统中，信息的传输与预处理设备的耗资是很大的。

一、遥感信息的传输

传感器收集到的被测目标的电磁波，经不同形式直接记录在感光胶片或磁带（高密度数据磁带 HDDT 或计算机兼容磁带 CCT）上，或者通过无线电发送到地面被记录下来。遥感信息的传输有模拟信号传输和数字信号传输两种方式。模拟信号传输是指将一种连续变化的电源与电压表示的模拟信号经过放大和调制后用无线电传输。数字信号传输是指将模拟信号转换为数字形式进行传输。

由于遥感信息的数据量相当大，要在卫星过境的短时间内将获得的信息数据全部传输到地面是有困难的，因此，在信息传输时要进行数据压缩。

二、遥感信息的预处理

从航空或航天飞行器的传感器上收到的遥感信息因受传感器性能、飞行条件、环境因素等影响，在使用前要进行多方面的预处理才能获得反映目标实际的真实信息。遥感信息预处理主要包括数据转换、数据压缩和数据校正。这部分工作是在提供给用户使用前进行的。

（一）数据转换

由于所接收到的遥感数据记录形式与数据处理系统的输入形式不一定相同，而处理系统的输出形式与用户要求的形式也可能不同，所以必须进行数据转换。同时，在数据处理过程中也都存在数据转换的问题。数据转换的形式与方法有模数转换、数模转换、格式转换等。

（二）数据压缩

传送到遥感图像数据处理机构的数据量是十分庞大的。目前虽然用电子计算机进行数据预处理，但数据处理量和处理速度仍然跟不上数据收集量。所以在图像预处理过程中，还要进行数据压缩，其目的是去除无用的或多余的数据，并以特征值和参数的形式保存有用的数据。

（三）数据校正

由于环境条件的变化、仪器自身的精度和飞行姿态等因素的影响，因而会导致一系列的数据误差。为了保证获得信息的可靠性，必须对这些有误差的数据进行校正。校正的内容主要有辐射校正和几何校正。

（四）辐射校正

传感器从空间对地面目标进行遥感观测，所接收到的是一个综合的辐射量，除有遥感研究最有用的目标本身发射的能量和目标反射的太阳能外，还有周围环境如大气发射与散射的能量、背景照射的能量等。因此，有必要对辐射量进行校正。校正的方式有两种，即对整个图像进行补偿或根据像点的位置进行逐点校正。

（五）几何校正

为了从遥感图像上求出地面目标正确的地理位置，使不同波段图像或不同时期、不同传感器获得的图像相互配准，有必要对图像进行几何校正，以改正各种因素引起的几何误差。几何误差包括飞行器姿态不稳定及轨道变化所造成的误差、地形高差引起的投影差和地形产生的阴影、地球曲率产生的影像歪斜、传感器内部成像性能引起的影像线性和非线性畸变所造成的误差等。

将经过上述预处理的遥感数据回放成模拟像片或记录在计算机兼容磁带上，才可以提供给用户使用。

第四节 遥感影像数据处理

一、遥感影像数据的概述

遥感影像数据的处理分为几何处理、灰度处理、特征提取、目标识别和影像解译。几何处理依照不同传感器的成像原理有所不同，对于无立体重叠的影像主要是几何纠正和形成地学编码，对于有立体重叠的卫星影像，还要解求地面目标的三维坐标和建立数字高程模型（DEM）。几何处理分为星地直接解和地星反求解。星地直接解是依据卫星轨道参数和传感器姿态参数空对地直接求解。地星反求解是依据地面若干控制点的三维坐标反求变换参数，有各种近似和严格解法。利用求出的变换参数和相应的成像方程，便可求出影像上目标点的地面坐标。

影像的灰度处理包括图像复原和图像增强、影像重采样、灰度均衡、图像滤波。图像增强包括反差增强、边缘增强、滤波增强和彩色增强。不同传感器、不同分辨率、不同时期的数据可以通过数据融合的方法获得更高质量、更多信息量的影像。

特征提取是从原始影像上通过各种数学工具和算子提取用户有用的特征，如结构特征、边缘特征、纹理特征、阴影特征等。目标识别则是从影像数据中人工或自动/半自动地提取所要识别的目标，包括人工地物和自然地物目标。影像解译是对所获得的遥感图像用人工或计算机方法对图像进行判读，对目标进行分类。图像解译可以用各种基于影像灰度的统计方法，也可以用基于影像特征的分类方法，还可以从影像理解出发，借助各种知识进行推理。这些方法也可以相互组合形成各种智能化的方法。

二、雷达干涉测量和差分雷达干涉测量

除了利用两张重叠的亮度图像进行类似立体摄影测量方法的立体雷达图像处理外，雷达干涉测量（InSAR）和差分雷达干涉测量（D-InSAR）被认为是当代遥感中的重要新成果。最近美国"奋进号"航天飞机上双天线雷达测量结果使人们更加关注这一技术的发展。

雷达测量与光学遥感有明显的区别，它不是中心投影成像，而是距离投影，获得的是相位和振幅记录，组成为复雷达图像。

所谓雷达干涉测量是利用复雷达图像的相位差信息来提取地面目标地形三维信息的技术，而差分雷达干涉测量则是利用复雷达图像的相位差信息来提取地面目标微小地形变化信息的技术。此外，雷达相干测量是利用复雷达图像的相干性信息来提取地物目标的属性信息。

获取立体雷达图像的干涉模式主要有沿轨道法、垂直轨道法、重复轨道法。

（一）雷达干涉测量

雷达干涉测量的数据处理包括：用轨道参数法或控制点测定基线，图像粗配准和精配准，最终要达到1/10像元的精度才能保证获得较好的干涉图像；随后进行相位解缠。其中最常用的方法有枝切法、最小二乘法、基于网络规划的算法等。这是一个十分重要的、有难度的工作，相当于GPS相位测量中的整周模糊度的求解。必须指出，目前的卫星雷达干涉测量采用的是重复轨道法。构成基线的两个雷达记录有时差，就可能由于地面湿度不同使后向反射强度产生差异，从而引起影像配准的困难。所以，现在人们把注意力集中在攻克双天线雷达成像技术上。

国内外的研究表明，利用欧空局ERS-1和ERS-2相隔一天的雷达记录，可测定满足1：25000比例尺的高程测量精度的DEM，而且它对细微地貌形态表示优于一般的双像立体摄影测量。

（二）差分雷达干涉测量

差分干涉雷达测量的最大优点是能从几百千米的高度上获得毫米至厘米级的地表三维形变。

如果利用永久散射体的特点进行D-InSAR，这些永久散射体（PS）可以起到很好的控制作用，从而提高差分干涉测量的精度（达到3～4mm）。

第五节　遥感技术的应用

遥感技术的应用涉及各行各业、方方面面。这里简要列举其在国民经济建设中的主要

应用。

一、在国家基础测绘和建立空间数据基础设施中的应用

各种分辨率的遥感图像是建立数字地球空间数据框架的主要来源，可以形成反映地表景观的各种比例尺影像数据库（DOM）；可以用立体重叠影像生成数字高程模型数据库（DEM）；还可以从影像上提取地物目标的矢量图形信息（DLG）。另外，由于遥感卫星能长年地、周期地和快速地获取影像数据，这为空间数据库和地图更新提供了最好的手段。

二、在铁路、公路设计中的应用

航空航天遥感技术可以为线路选线和设计提供各种几何和物理信息，包括断面图、地形图、地质解译、水文要素等信息，已在我国主要新建的铁路线和高速公路线的设计和施工中得到广泛应用，特别在西部开发中，由于该地区人烟稀少，地质条件复杂，遥感手段更有其优势。

三、在农业中的应用

遥感技术在农业中的应用主要包括：利用遥感技术进行土地资源调查与监测、农作物生产与监测、作物长势状况分析和生长环境的监测。基于GPS、GIS和农业专家系统相结合，可以实现精准农业。

四、在林业中的应用

森林是重要的生物资源，具有分布广、生长期长的特点。由于人为因素和自然原因，森林资源会经常发生变化，因此，利用遥感手段及时准确地对森林资源进行动态变化监测，掌握森林资源的变化规律，具有重要社会、经济和生态意义。

利用遥感手段可以快速地进行森林资源调查和动态监测，可以及时地进行森林虫害的监测，定量地评估由于空气污染、酸雨及病虫害等因素引起的林业危害。遥感的高分辨率图像还可以参与和指导森林经营和运作。

气象卫星遥感是发现和监测森林火灾的最快速和最廉价手段。可以掌握起火点、火灾通过区域、灭火过程、灾情评估和过火区林木的恢复情况。

五、在煤炭工业中的应用

煤炭是中国的主要能源之一，占全国能源消耗总量的70%以上。煤炭工业的发展部署对国民经济的发展具有直接的影响。由于行业的特殊性，煤炭工业长期处于劳动密集型的

低技术装备状况，从煤田地质勘探、矿井建设到采煤生产各阶段都一直靠"人海战术"。因此，如何在煤炭工业领域引入高新技术，是中国政府和煤炭系统科研人员的共同愿望。

中国煤炭工业规模性应用航空遥感技术始于20世纪60年代。当时煤炭部航测大队的成立，标志着中国煤炭步入真正应用航空遥感阶段。到20世纪70年代末、80年代初，煤炭部遥感地质应用中心的成立拉开了航天遥感应用于煤炭工业的序幕。

研究煤层在光场、热场内的物性特征，是煤炭遥感的基础工作。

大量研究表明，煤层在光场中具有如下反射特征：煤层在0.4 ~ 0.8μm波段，反射率小于10%；在0.9 ~ 0.95μm之间出现峰值，峰值反射率小于12%；在0.95 ~ 1.1μm之间，反射率平缓下降。煤层与其他岩石相比，反射率最低，在0.4 ~ 1.1μm波段中，煤层反射率低于其他岩石5% ~ 30%。

煤层在热场中具有周期性的辐射变化规律，即煤层在地球的周日旋转中，因受太阳电磁波的作用不同，冷热异常交替出现，白天在日过上中天后出现热异常；夜间在日落到日出之间出现冷异常。因此，热红外遥感是煤炭工业的最佳应用手段。利用各种摄影或扫描手段获取的热红外遥感图像，可用于识别煤层，探测煤系地层。

遥感技术在煤炭工业中的主要应用包括：煤田区域地质调查，煤田储存预测，煤田地质填图，煤炭自燃发火区圈定、界线划分、灭火作业及效果评估，煤矿治水、调查井下采空后的地面沉陷，煤炭地面地质灾害调查，煤矿环境污染及矿区土复耕等。

六、在油气资源勘探中的应用

油气资源勘探与其他领域一样，由于遥感技术的迅速渗透而充满生机。油气资源遥感勘探以其快速、经济、有效等特点而令人瞩目，受到国内外油气勘探部门的高度重视。

目前，国内外的油气遥感勘探主要是基于TM图像提取烃类微渗漏信息。地物波谱研究表明，2.2μm附近的电磁波谱适宜鉴别岩石蚀变带，用TM影像检测有一定的效果。但TM图像相对较粗的光谱分辨率和并不覆盖全部需要的波段工作范围，影响其提取油气信息。20世纪90年代蓬勃发展的成像光谱遥感技术，因其具有很高的光谱分辨率和灵敏度，将在油气资源遥感勘探中发挥更大的作用。

利用遥感方法进行油气藏靶区预测的理论基础是：地下油气藏上方存在着烃类微渗漏，烃类微渗漏导致地表物质产生理化异常。主要的理化异常类型有土壤烃组分异常、红层褪色异常、黏土丰度异常、碳酸盐化异常、放射性异常、热惯量异常、地表植被异常等。油气藏烃类渗漏引起地表层物质的蚀变现象必然反映在该物质的波段特征异常上。大量室内、野外原油及土壤波谱测量表明：烃类物质在1.725μm、1.760μm、2.310μm和2.360μm等处存在一系列明显的特征吸收谷，而在2.30 ~ 2.36μm波段间以较强的双谷形态出现。遥感方法通过测量特定波段的波谱异常，可预测对应的地下油气藏靶区。

由于土壤中的一些矿物质（如碳酸盐矿物质）的吸收谷也在烃类吸收谷的范围，这给遥感探测烃类物质带来了困难，因此，要区分烃类物质的吸收谷必须实现窄波段遥感探测，即要求传感器具有高光谱分辨率的同时具有高灵敏度。

近年来发展的机载和卫星成像光谱仪是符合上述要求的新型成像传感器。例如，中科院上海技术物理所研制的机载成像光谱仪，通过细分光谱来提高遥感技术对地物目标分类和目标特性识别的能力。如可见光/近红外（0.64 ~ 1.1μm）设置32个波段，光谱取样间隔为20mm；短波红外（1.4 ~ 2.4μm）设置32个波段，光谱间隔为25mm；8.20 ~ 12.5μm热红外波段细分为7个波段。成像光谱仪的工作波段覆盖了烃类微渗漏引起地表物质"蚀变"异常的各个特征波谱带，是检测烃类微渗漏特征吸收谷的较为有效的传感器。通过利用成像光谱图像结合地面光谱分析及化探数据分析进行油气预测靶区圈定的试验，证明成像光谱仪是一种经济、快速、可靠性好的非地震油气勘探技术，将在油气资源勘探中发挥重要的作用。

七、在地质矿产勘查中的应用

遥感技术为地质研究和勘查提供了先进的手段，可为矿产资源调查提供重要依据和线索，对高寒、荒漠和热带雨林地区的地质工作提供有价值的资料。特别是卫星遥感，为大区域甚至全球范围的地质研究创造了有利条件。

遥感技术在地质调查中的应用主要是利用遥感图像的色调、形状、阴影等标志解译出地质体类型、地层、岩性、地质构造等信息，为区域地质填图提供必要的数据。

遥感技术在矿产资源调查中的应用主要是根据矿床成因类型，结合地球物理特征，寻找成矿线索或缩小找矿范围，通过成矿条件的分析，提出矿产普查勘探的方向，指出矿区的发展前景。

在工程地质勘查中，遥感技术主要用于大型堤坝、厂矿及其他建筑工程选址、道路选线以及由地震或暴雨等造成的灾害性地质过程的预测等方面。例如，山西大同某电厂选址、京山铁路改线设计等，由于从遥感资料的分析中发现过去资料中没有反映的隐伏地质构造，通过改变厂址与选择合理的铁路线路，在确保工程质量与安全方面起了重要的作用。

在水文地质勘查中，则利用各种遥感资料（尤其是红外摄影、热红外扫描成像）查明区域水文地质条件、富水地貌部位，识别含水层及判断充水断层。如美国在夏威夷群岛用红外遥感方法发现200多处地下水露点，解决了该岛所需淡水的水源问题。

近些年来，我国高等级公路建设如雨后春笋般进入了新的增长时期，如何快速有效地进行高等级公路工程地质勘查是地质勘查面临的一个新问题。通过多条线路的工程地质和地质灾害遥感调查的研究表明，遥感技术完全可应用于公路工程地质勘查。

遥感工程地质勘查要解决的主要问题有：

1.岩性体特征分析。主要应查明岩性成分、结构构造、岩相、厚度及变化规律、岩体工程地质特征和风化特征，并应特别重视对软弱黏性土、胀缩黏土、湿陷性黄土、冻土、易液化饱和土等特殊性质土的调查。

2.灾害地质现象调查。即对崩塌、滑坡、泥石流、岩溶塌陷、煤田采空区的分布状况及沿路地带稳定性评价进行研究。

3.断层破碎带的分布及活动断层的活动性分析研究也是遥感工程地质勘查的研究内容。

八、在水文学和水资源研究中的应用

遥感技术既可观测水体本身的特征和变化，又能够对其周围的自然地理条件及人文活动的影响提供全面的信息，为深入研究自然环境和水文现象之间的相互关系，进而揭露水在自然界的运动变化规律创造了有利条件。同时由于卫星遥感对自然界环境动态监测比常规方法更全面、仔细、精确，且能获得全球环境动态变化的大量数据与图像，这在研究区域性的水文过程，乃至全球的水文循环、水量平衡等重大水文课题中具有无比的优越性。因此，在陆地卫星图像广泛的实际应用中，水资源遥感已成为最引人注目的一个方面，遥感技术在水文学和水资源研究中发挥了巨大的作用。在美国陆地卫星图像应用中，水文学和水资源方面所得的收益首屈一指，其中减少洪水损失和改进灌溉这两项就占陆地卫星应用总收益的41.3%。

遥感技术在水文学和水资源研究方面的应用主要有：水资源调查、水文情报预报和区域水文研究。

利用遥感技术不仅能确定地表江河、湖沼和冰雪的分布、面积、水量和水质，而且对勘测地下水资源也是十分有效的。在青藏高原地区，经对遥感图像解译分析，不仅对已有湖泊的面积、形状修正得更加准确，而且还新发现了500多个湖泊。

地表水资源的解译标志主要是色调和形态，一般来说，对可见光图像，水体混浊、浅水沙底、水面结冰和光线恰好反射入镜头时，其影像为浅灰色或白色；反之，水体较深或水体虽不深但水底为淤泥，则其影像色调较深。对彩红外图像来说，由于水体对近红外有很强的吸收作用，所以水体影像呈黑色，它和周围地物有着明显的界线。对多光谱图像来说，各波段图像上的水体色调是有差异的，这种色调差异也是解译水体的间接标志。利用遥感图像的色调和形态标志，可以很容易地解译出河流、沟渠、湖泊、水库、池塘等地表水资源。

埋藏在地表以下的土壤和岩石里的水称为地下水，它是一种重要资源。按照地下水的埋藏分布规律，利用遥感图像的直接和间接解译标志，可以有效地寻找地下水资源。一般来说，遥感图像所显示的古河床位置、基岩构造的裂隙及其复合部分、洪积扇的顶端及其边缘、自然植被生长状况好的地方均可找到地下水。

地下水露头、泉水的分布在 8 ~ 14μm 的热红外图像上显示最为清晰。由于地下水和地表水之间存在温差，因此，利用热红外图像能够发现泉眼。

水文情报的关键在于及时准确地获得各有关水文要素的动态信息。以往主要靠野外调查及有限的水文气象站点的定位观测，很难控制各要素的时空变化规律，在人烟稀少、自然环境恶劣的地区更难获取资料。而卫星遥感技术则能提供长期的动态监测情报。国内外已利用遥感技术进行旱情预报、融雪径流预报和暴雨洪水预报等。遥感技术还可以准确确定产流区及其变化，监测洪水动向，调查洪水泛滥范围及受涝面积和受灾程度等。

在区域水文研究方面，已广泛利用遥感图像绘制流域下垫面分类图，以确定流域的各种形状参数、自然地理参数和洪水预报模型参数等。此外，通过对多种遥感图像的解译分析，还可进行区域水文分区、水资源开发利用规划、河流分类、水文气象站网的合理布设、代表流域的选择以及水文实验流域的外延等一系列区域水文方面的研究工作。

九、在海洋研究中的应用

海洋覆盖着地球表面积的 71%，容纳了全球 97% 的水量，为人类提供了丰富的资源和广阔的活动空间。随着人口的增加和陆地非再生资源的大量消耗，开发利用海洋对人类生存与发展的意义日显重要。

因为海洋对人类非常重要，所以，国内外多年来投入了大量的人力和物力，利用先进的科学技术以求全面而深入地认识和了解海洋，指导人们科学合理地开发海洋，改善环境质量，减少损失。常规的海洋观测手段时空尺度有局限性，因此不可能全面、深刻地认识海洋现象产生的原因，也不可能掌握洋盆尺度或全球大洋尺度的过程和变化规律。过去，随着航天、海洋电子、计算机、遥感等科学技术的进步，产生了崭新的学科——卫星海洋学。它形成了从海洋状态波谱分析到海洋现象判读等一套完整的理论与方法。海洋卫星遥感与常规的海洋调查手段相比具有许多独特优点：第一，它不受地理位置、天气和人为条件的限制，可以覆盖地理位置偏远、环境条件恶劣的海区及由于政治原因不能直接进行常规调查的海区；卫星遥感是全天时的，其中微波遥感是全天候的。第二，卫星遥感能提供大面积的海面图像，每个像幅的覆盖面积达上千平方千米，对海洋资源普查、大面积测绘制图及污染监测都极为有利。第三，卫星遥感能周期性地监视大洋环流、海面温度场的变化、鱼群的迁移、污染物的运移等。第四，卫星遥感获取海洋信息量非常大。第五，能同步观测风、流、污染、海气相互作用和能量收支平衡等。海洋现象必须在全球大洋同步观测，这只有通过海洋卫星遥感才能做到。

目前常用的海洋卫星遥感仪器主要有雷达散射计、雷达高度计、合成孔径雷达

（SAR）、微波辐射计及可见光/红外辐射计、海洋水色扫描仪等。

此外，可见光/近红外波段中的多光谱扫描仪（MSS、TM）和海岸带水色扫描仪（CZCS）均为被动式传感器。它能测量海洋水色、悬浮泥沙、水质等，在海洋渔业、海洋环境污染调查与监测、海岸带开发及全球尺度海洋科学研究中均有较好的应用。

十、在环境监测中的应用

目前，环境污染已成为许多国家的突出问题，利用遥感技术可以快速、大面积监测水污染、大气污染和土地污染以及各种污染导致的破坏和影响。近些年来，我国利用航空遥感进行了多次环境监测的应用试验，对沈阳等多个城市的环境质量和污染程度进行了分析和评价，包括城市热岛、烟雾扩散、水源污染、绿色植物覆盖指数以及交通量等的监测，都取得了重要成果。国家海洋局组织的在渤海湾海面油溢航空遥感实验中，发现某国商船在大沽锚地违章排污事件以及其他违章排污船20艘，并及时做了处理，在国内外产生了较大影响。

随着遥感技术在环境保护领域中的广泛应用，一门新的科学——环境遥感诞生了。环境遥感是利用遥感技术揭示环境条件变化、环境污染性质及污染物扩散规律的一门科学。环境条件如气温、湿度的改变和环境污染大多会引起地物波谱特征发生不同程度的变化，而地物波谱特征的差异正是遥感识别地物的最根本的依据。这就是环境遥感的基础。

从各种受污染植物、水体、土壤的光谱特性来看，受污染地物与正常地物的光谱反射特征差异都集中在可见光、红外波段，环境遥感主要通过摄影与扫描两种方式获得环境污染的遥感图像。摄影方式有黑白全色摄影、黑白红外摄影、天然彩色摄影和彩色红外摄影。其中以彩色红外摄影应用最为广泛，影像上污染区边界清晰，还能鉴别农作物或其他植物受污染后的长势优劣。这是因为受污染地物与正常地物在红外部分光谱反射率有较大的差异。扫描方式主要有多光谱扫描和红外扫描。多光谱扫描常用于观测水体污染；红外扫描能获得地物的热影像，用于大气和水体的热污染监测。

影响大气环境质量的主要因素是气溶胶含量和各种有害气体。对城市环境而言，$PM_{2.5}$含量过高和城市热岛也是一种大气污染现象。

遥感技术可以有效地用于大气气溶胶监测、有害气体测定和城市热岛效应的监测与分析。

在江河湖海各种水体中，污染种类繁多。为了便于用遥感方法研究各种水污染，习惯上将其分为泥沙污染、石油污染、废水污染、热污染和富营养化等几种类型。对此，可以根据各种污染水体在遥感图像上的特征，对它们进行调查、分析和监测。

土地环境遥感包括两个方面的内容：一是指对生态环境受到破坏的监测，如沙漠化、盐碱化等；二是指对地面污染如垃圾堆放区、土壤受害等的监测。

遥感技术目前已在生态环境、土壤污染和垃圾堆与有害物质堆积区的监测中得到广泛应用。

十一、在洪水灾害监测与评估中的应用

洪水灾害是一种骤发性的自然灾害，其发生大多具有一定的突然性，持续时间短，发生的地域易于辨识。但是，人们对洪水灾害的预防和控制则是一个长期的过程。从洪灾发生的过程看，人类对洪灾的反应可划分为以下四个阶段：

（一）洪水控制与洪水综合管理

通过"拦、蓄、排"等工程与非工程措施，改变或控制洪水的性质和流路，使"水让人"；通过合理规划洪泛区土地利用，保证洪水流路的畅通，使"人让水"。这是一个长期的过程，也是区域防洪体系的基础。

（二）洪水监测、预报与预警

在洪水发生初期，通过地面的雨情及水情观测站网，了解洪水实时状况；借助于区域洪水预报模型，预测区域洪水发展趋势，并即时、准确地发出预警消息。这个过程视区域洪水特征而定，持续时间有长有短，一般为2～3天，有时更短，如黄河三花间洪水汇流时间仅有8～10h。

（三）洪水灾情监测与防洪抢险

随着洪水水位的不断上涨，区域受灾面积不断扩大，灾情越来越严重。这时除了依靠常规观测站网外，还须利用航天、航空遥感技术实现洪水灾情的宏观监测。在得到预警信息后，要及时组织抗洪队伍，疏散灾区居民，转移重要物资，保护重点地区。

（四）洪灾综合评估与减灾决策分析

洪灾过后，必须及时对区域的受灾状况做出准确的估算，为救灾物资投放提供信息和方案，辅助地方政府部门制订重建家园、恢复生产规划。

这四个阶段是相互联系、相互制约又而相互衔接的。若从时效和工作性质上看，这四个阶段的研究内容可归结为两个层次，即长期的区域综合治理与工程建设以及洪水灾害监测预报与评估。

遥感和地理信息系统相结合，可以直接应用于洪灾研究的各个阶段，实现洪水灾害的监测和灾情评估分析。

十二、在地震灾害监测中的应用

地震的孕育和发生与活动构造密切相关。许多资料表明：多组主干断裂或群裂的复合部位，横跨断陷盆地或断陷盆地间有横向构造穿越的部位以及垂直差异运动和水平错动强烈的部位（如在山区表现为构造地貌对照性强烈，在山麓带表现为凹陷向隆起转变的急剧，在平原表现为水系演变的活跃）等，是多数破坏性强震发生的关键位置。例如我国的7.8级唐山大地震就是在五组主干断裂交会的构造背景上发生的。对于这一特定的构造背景，震前很少了解，而在卫星图像上却表现得十分清晰。因此，为了预报地震，特别要深入揭示和监测活动构造带中潜在的发生破坏性强震的特定的构造背景。

我国大陆受欧亚板块与印度板块的挤压，主应力为南北向压应力。同时，在地球自转（北半球）顺时针转动和大陆漂移、海底扩张、太平洋板块的俯冲作用的共同影响下，形成扭动剪切面，主要表现为我国大陆被分割成三个大的基本地块，即西域地块、西藏地块、华夏地块。各地块之间的接合部位多为深大断裂带、缝合线或强烈褶皱带。这里是地壳薄弱地带，新构造运动及地震活动最为强烈。大量事实说明，任何破坏性强震都发生在特定的构造背景。对于我国这样一个多震的国家，利用卫星图像进行地震地质研究，尽早地揭示出可能发生破坏性强震的地区及其构造背景，合理布置观测台站，有针对性地确定重点监视地区，是一项刻不容缓的任务。

地震前出现热异常早已被人们发现，它是用于地震预报监测的指标之一。但是，如何区分震前热异常一直是当代地震预报中的一个难题，因为在地面布设台站进行各项地震活动的地球化学和物理现象的观测，很难布设这么大的范围，而且瞬时变化很难捕捉到。卫星遥感技术的测量速度快，覆盖面积大，卫星红外波段所测各界面（地面、水面及云层面）的温度值高以及其多时相观测特性，使得用卫星遥感技术观测震前温度异常可以克服地面台站观测的缺点。

此外，遥感技术在现代战争中的应用也是不言而喻的。战前的侦察、敌方目标监测、军事地理信息系统的建立、战争中的实时指挥、武器的制导、数字化战场的仿真、战后的作业效果评估等都需要依赖高分辨率卫星影像和无人飞机侦察的图像。这里不再一一叙述。

可以肯定地讲，遥感的近代飞速发展，已经形成自身的科学和技术体系。

十三、遥感技术在测绘中的具体应用

（一）完善数据采集模式

在测绘工作中融入遥感技术时，工作人员需要做好数据的有效采集，为地形图的绘制提供重要的基础。在遥感技术利用的过程中要充分地发挥本身的地面勘察能力，更加细致地分析对应的数据信息，并且要有效地保证遥感技术使用的准确性，科学地完成当前的测绘任务，凸显现代化的工作思路。在数据采集时，相关工作人员需要利用遥感技术和实际情况进行相互的对比，将一些偏差的数据进行剔除，之后再做好价值信息的有效筛选，搭建完整性较强的数据图，融入到计算机中进行有效的分析。另外也可以将数据通过模拟打印的方式完整地呈现在人们的面前，保证各项数据分析工作的顺利进行。在遥感技术利用的过程中要具备较强的数据处理能力，和计算机技术进行相互的连接，减少失误问题的发生。方便工作人员统一完成各个信息的有效调配，制作出针对性较强的地形图内容，保证整体的测绘效果。

（二）制作及更新地形图

在制作和更新地形图时，要利用遥感技术的作用搭建数字化的模型，便捷整体的操作模式。在遥感技术利用的过程中能够按照地形的特点，高效率地采集对应的信息，并且充分地发挥数据处理的能力，及时地更新所需要的地形图内容，相比原有的制图方式在遥感技术利用的过程中，可以减少对人工的依赖，利用遥感技术进行地面信息的科学扫描，同时也可以按照航空测量的标准绘制出3D图纸，为各项分析工作的顺利实施提供重要的保障。此外遥感技术能够多方位地满足地形测绘的工作要求，并且还可以将卫星遥感传回的数据进行有效的加工，减少各种矛盾问题的发生，全面保证航空遥感技术测绘的准确度。在实际测绘时难免会遇到复杂的信息，在进行地形图制作和更新的过程中相关工作人员需要具体问题具体分析，利用遥感技术加强对实际情况的勘查力度，并且设置对应的技术标准。有序地组织好测绘环节，使地形图内容能够变得更加准确以及可靠。

（三）在专题图制作中的利用

在专题图制作中利用遥感技术所发挥的作用较为突出，因此工作人员需要加强对这些问题的有效认识，按照遥感技术的使用特点以及使用要求创新当前的工作模式，充分地利用遥感技术保证测绘工作的顺利进行，首先，在实际工作中需要利用遥感技术科学地确定好空间分辨率和制图比例等，空间分辨率主要包含了地面分辨率，是遥感仪器能够分辨的最小目标和实际尺寸。在遥感图像中每个元素所对应地面范围大小存在一定的差异性，在制图的过程中需要考虑目标的最小尺寸以及地形图的成图比例尺等，之后再按照不同规模的制度图像进行科学的识别，满足遥感技术在图像空间分辨率方面的各项要求。在遥感图像建立的过程中，需要协调空间分辨率和地图比例尺之间的关系，这主要是由于不同平台的遥感器所获取的通用信息存在一定的差异性，在此过程中需要满足成图精准度的要求科学地确定好比例尺的范围和应用模式之后，再进行数据的更新。获取不同平台的图像信息源，结合数据的精度和程度比例进行数据加工，以此来提高技术的利用效果。其次，在后续工作中还需要科学地确定好分辨率以及波段，要按照传感器所使用的波段数目进行科学的确定，之后再认真地分析波长和波段宽度之间的关系。这样一来，可以促进遥感技术的顺利实施，避免对地形图的测绘造成较为严重的影响。

最后，在技术使用的过程中需要精准地确定时效和时间分辨率。遥感图像的时间分辨率差别较大，利用遥感制图的方式显示对象动态变化时，需要掌握对象的特点以及变化周期之后，科学地整理对应的遥感信息源。比如在研究森林火灾蔓延范围和洪水覆盖范围时，要选择对应的时间分辨率和遥感信息源之后，再配合着气象卫星图像，快速地传递对应的信息，使图像内容能够变得更加完善。在遥感图像使用过程中要在一瞬间记录地面的真实情况，然而实际情况是处于动态变化过程中的，为了减少对实际信息所产生的影响，在技术使用的过程中，需要按照时间的序列来绘制多次成像的遥感图之后，再确定最佳时相图像。按照自然环境的特点选择对应的遥感信息，做好地形图的绘制。使各项工作能够具备较强的科学性，有效地减小对测绘工作所产生的影响，提高整体的测绘效果。

（四）在地形测绘中的应用

在地形测绘中，遥感技术为重要的组成部分，因此工作人员须按照实际情况科学地筛选对应的技术方案，避免对测绘工作的顺利实施造成较为严重的影响。首先，在实际工作中要进行的是动态化的监测，遥感技术要和地理信息系统进行相互融合，保证最终数据能够具备较强的准确性。在动态监测时要做好土地情况的动态化调查，并且还需要进行土地变更的监测，保证最终结果能够具备较强的准确性。值得注意的是，在实际操作过程中难免会出现无法识别的数据，因此需要利用计算机技术进行有效的处理以及加工，加工成可识别的图像以及文字，降低整体的工作难度，凸显测绘技术本身的利用优势。在后续工作中要进行各个实际数据的对比分析，达到最佳的优化效果。随着科技水平的不断提高，计算机图像处理技术逐渐朝着更加完善的趋势而不断地发展，动态监测广泛融入测绘中，相关测绘人员需要按照实际情况完善现有的工作方案，便捷整体的操作模式，减少各种因素对测绘工作所产生的影响。

其次，在后续工作中要进行的是数据的选取以及提取，要以精准度管理为主要的思路，全面地保证遥感技术的使用效果。在实际工作中需要按照提高精度的需要结合土地利用图进行数据的监测对比，同时还需要将生态和人文指标列入地形测绘工作中，如果在图形绘制时对精准度要求较高，可以借助GPS技术来获取高分辨率的卫星信息作为补充的资料，避免对数据的分析造成较为严重的影响。在变化信息提取过程中，需要在固定的时间段内来获取对应的土地资料，要按照相关量的关系来完成信息的获取，全面地保证要看技术的使用效果。如果在此过程中出现数据的偏差，要以时间差来计算时间段内的信息变化特点之后，再预测土地的变化规律。落实科学化的工作原则，有序地规划整体的技术实施模式，从而使遥感技术使用效果能够得到进一步的保证。

（五）在勘测定界中的利用

在勘测地界时，需要先利用遥感影像粗略地标志出勘测的位置，之后再到野外进行有效的测量。在建设用地中进行土地勘测定界时要确定土地使用的具体范围之后，再精准地计算各个土地的面积。此外，在测绘定界时要按照各个政府部门所出台的审批地籍管理的工作要求来获取对应的资料，通过实际的放样和测量，使各项工作准确性能够得到充分的保证。在各项测绘工作落实过程中，需要进行面积的测量以及计算，之后再绘制出对应的地界图，保证各项信息能够具备较强的准确性。经过反复的勘测，确定好整体的阐述信息之后，再输出对应的数据完成地形图的有效绘制。在此过程中如果出现任何的问题，可以利用GPS和RTK技术来完成定界放样，之后再配合着关系距离法和解析法，简化整体的工作流程，保证最终结果能够具备较强的准确性。

第六节　遥感对地观测的发展前景

进入21世纪，遥感科学技术会有什么样的发展呢？可以肯定地说，21世纪将是全球争夺制天权的世纪，各类遥感卫星将与各类卫星导航定位系统、通信卫星、中继卫星等构成太空多姿多彩的群星争艳局面，从而实现对太阳系和整个宇宙空间的自动观测。就遥感对地观测而言，可以归纳出以下的七大发展趋势：

一、航空航天遥感传感器数据获取技术趋向三多和三高

三多是指多平台、多传感器、多角度，三高则指高空间分辨率、高光谱分辨率和高时相分辨率。从空中和太空观测地球获取影像是20世纪的重大成果之一。在短短几十年中，遥感数据获取手段取得飞速发展。遥感平台有地球同步轨道卫星（35000km高度），太阳同步卫星（600～1000km高度），太空飞船（200～300km高度），航天飞机（240～350km高度），探空火箭（200～1000km高度），平流层飞艇（20～100km高度），高、中、低空飞机，升空气球，无人机等。传感器有框架式光学相机、缝隙、全景相机、光机扫描仪、光电扫描仪、CCD线阵、面阵扫描仪、微波散射计雷达测高仪、激光扫描仪和合成孔径雷达等，它们几乎覆盖了可透过大气窗口的所有电磁波段。三行CCD阵列可同时得到三个角度的扫描成像，EOS Terra卫星上的MISR可同时从九个角度对地观测成像。

短短几十年中，遥感数据获取手段发展飞快。卫星遥感的空间分辨率从IKOMOS Ⅱ

的1m进一步提高到Quick Bird的0.62m。高光谱分辨率已达到5 ~ 6nm、500 ~ 600个波段，在轨的美国EO-1高光谱遥感卫星具有220个波段，EOSAM-1（Terra）和EOSPM-1（Aqua）卫星上的MODIS具有36个波段的中等分辨率成像光谱仪。时间分辨率的提高主要依赖于小卫星星座以及传感器的大角度倾斜，可以以1 ~ 3天的周期获得感兴趣地区的遥感影像。由于具有全天候、全天时的特点，以及用InSAR和D-InSAR，特别是双天线In-SAR进行高精度三维地形及其变化测定的可能性，SAR雷达卫星为全世界各国普遍关注。例如美国宇航局的长远计划是发射一系列短波SAR，实现干涉重访间隔为8天、3天和1天，空间分辨率分别为20m、5m和2m。我国在机载和星载SAR传感器及其应用研究方面正在形成体系。

二、航空航天遥感对地定位趋向于不依赖地面控制

确定影像目标的实地位置（三维坐标），解决影像目标在哪儿（Where），这是摄影测量与遥感的主要任务之一。在原先已成功用于生产的全自动化GPS空中三角测量的基础上，利用DGPS和INS惯性导航系统的组成，可形成航空/航天影像传感器的位置与姿态自动测量和稳定装置（POS），从而可实现定点摄影成像和无地面控制的高精度对地直接定位。在航空摄影条件下，精度可达到分米级，在卫星遥感条件下，精度可达到米级。该技术的推广应用将改变目前摄影测量和遥感的作业流程，从而实现实时测图和实时数据库更新。若与高精度激光扫描仪集成，可实现实时三维测量（LiDAR），自动生成数字表面模型（DSM），并推算数字高程模型（DEM）。

三、摄影测量与遥感数据的计算机处理更趋自动化和智能化

从影像数据中自动提取地物目标，解决它的属性和语义（What）是摄影测量与遥感的另一大任务。在已取得影像匹配成果的基础上，影像目标的自动识别技术主要集中在影像融合技术，基于统计和基于结构的目标识别与分类，处理的对象既包括高分辨率影像，也更加注意高光谱影像。随着遥感数据量的增大，数据融合和信息融合技术日渐成熟。压缩倍率高、速度快的影像数据压缩方法也已商业化，我国的学者在这些方面都取得不少可喜的成果。

四、利用多时相影像数据自动发现地表覆盖的变化趋向实时化

利用遥感影像自动进行变化监测关系到我国的经济建设和国防建设。过去人工方法投入大，周期长，随着各类空间数据库的建立和大量的影像数据源的出现，实时自动化检测已成为研究的一个热点。

自动变化检测研究包括利用新旧影像（DOM）的对比、新影像与旧数字地图（DLG）

的对比来自动发现变化的更新数据库。目前的变化检测是先将新影像与旧影像（或数字地图）进行配准，然后再提取变化目标，这在精度、速度与自动化处理方面都有不足之处。我们提出把配准与变化检测同步整体处理。最理想的方法是将影像目标三维重建与变化检测一起进行，实现三维变化检测和自动更新。

五、全定量化遥感方法走向实用

从遥感科学的本质讲，通过对地球表层（包括岩石圈、水圈、大气圈和生物圈四大圈层）的遥感，其目的是获得有关地物目标的几何与物理特性，所以需要有全定量化遥感方法进行反演。几何方程是显式表示的数学方程，而物理方程一直是隐式的。目前的遥感解译与目标识别并没有通过物理方程反演，而是采用了基于灰度或加上一定知识的统计的、结构的、纹理的影像分析方法。但随着对成像机理、地物波谱反射特征、大气模型、气溶胶的研究深入和数据积累，多角度、多传感器、高光谱及雷达卫星遥感技术的成熟，相信在21世纪，顾及几何与物理方程式的全定量化遥感方法将逐步由理论研究走向实用化，遥感基础理论研究将迈上新的台阶。只有实现了遥感定量化，才可能真正实现自动化和实时化。

六、遥感传感器网络与全球信息网络走向集成

随着遥感的定量化、自动化和实时化，未来的遥感传感器将集数据获取、数据处理与信息提取于一身，而成为智能传感器（Smart Sensor）。各类智能传感器相互集成将成遥感传感器网络，而且这个网络将与全球信息网格（GIG）相互集成与融洽，在GGG大全格的（Great Global Grid）的环境下，充分利用网格计算的资源，实时回答何时、何地、何种目标发生了何种变化（4W）。遥感将不再局限于提供原始数据，而是直接提供信息与服务。

第六章　全球卫星导航定位技术与应用

第一节　全球卫星导航定位技术概述

一、定位与导航的概念

测绘的主要目的之一是对地球表面的地物、地貌目标进行准确定位（通常称之为测量）和以一定的符号和图形方式将它们描述出来（通常称之为地图绘制）。因此，从测绘的意义上说，定位就是测量和表达某一地表特征、事件或目标发生在什么空间位置的理论和技术。当今，人类的活动已经从地球表面拓展到近地空间和太空，已进入了电子信息时代和太空探索时代。定位的目标小到原子、分子，中为地球上各种自然和人工物体、事件乃至地球本身，大至星球、星系。因此，从广义和现代意义上来说，定位就是测量和表达信息、事件或目标发生在什么时间、什么相关的空间位置的理论方法与技术。由于微观世界的测量涉及量子理论和技术，需要特殊方法和手段。因此，我们这里的定位含义仍然是讨论中观和宏观世界里有关信息、事件和目标的发生时间和空间位置的确定。至于导航，是指对运动目标，通常是指运载工具如飞船、飞机、船舶、汽车、运载武器等的实时动态定位，即三维位置、速度和包括航向偏转、纵向摇摆、横向摇摆三个角度的姿态确定。由此，定位是导航的基础，导航是目标或物体在动态环境下位置与姿态的确定。

二、定位需求与技术的发展过程

人类社会的早期物质生产活动以牧猎为主，日出而作，日落而息。当时的人类活动不能离开森林和水草，或者随水草的盛衰而漂泊迁移，可以说没有什么明确的定位需求。到了农业时代，人类在河流周围开发农田，并建村建市定居和交换产品，产生了丈量土地的需求，也产生了为种植作物而要知道四时八节、时间、气象、气候确定以及南北地域位置测量的需求；同时争夺土地的战争更推动了准确了解敌我双方村镇及交通位置、水陆山川地貌地物特征的需求。因此，相应的早期测绘定位定时的理论与技术就出现了。在中国，产生了像司南、计里鼓车、规、矩这样的古代定位定时仪器。到了工业时代，人类的全球性经济和科学活动包括航海、航空、洲际交通工程、通信工程、矿产资源的探测、水利资源的开发利用、地球的生态及环境变迁研究等，大大促进了对精确定位的需求，时间精度要求达到了百万分之几秒，目标间相对位置精度要求达到几个厘米甚至零点几个毫米，定位的理论和技术进入了一个空前发展时期，观测手段实现了从光学机械仪器到光电子精密机械仪器的发展，完成了国家级到洲际级的大型测绘。20世纪后半叶，出现了电子计算机技术、半导体技术、激光技术、集成电路技术、航天科学技术，人类开始进入电子信息时代和太空探索时代。与此同时，地球的资源与环境问题也越来越严重，人类对大规模自然灾害的发生机理的探索和治理的需求也越来越迫切，因此定位的需求从静态发展到了动态，从局部扩展到全球，从地球走向太空，同时也从陆地走向了海洋，从海洋表面走向了海洋深部。20世纪50年代，苏联发射了人类第一颗人造地球卫星。人们在跟踪无线电信号的过程中，发现了卫星无线电信号的多普勒频移现象，这预示着一种全新的太空测量位置方式可以探索，由此提出了卫星定位和动态目标导航的初步概念。从此，人类进入了卫星定位和导航时代。

三、绝对定位方式与相对定位方式

如前所述，定位就是确定信息、事物、目标发生的时间和空间位置。因此，定位之前必须先要确定时间参考点和位置参考点，也就是要建立时间参考坐标系统和位置参考坐标系统。时间与空间参考坐标系统的建立一直就是测绘界和天文界最前沿的理论与技术研究方向，目前仍然在不断发展之中。在时间和空间参考坐标系统建立的基础上，再探讨如何在某个参考系统内确定事件、信息、目标的具体位置和时间。

在实际工作中，我们把直接确定信息、事件和目标相对于参考坐标系统的位置坐标称为绝对定位，而把确定信息、事件和目标相对于坐标系统内另一已知或相关的信息、事件和目标的位置关系称为相对定位。

一般来说，绝对定位的概念比较抽象，技术比较复杂，定位精度也难以达到很高，而相对定位概念比较直观、具体，技术较为简单、直接，容易实现高精度。测量同一个恒星过格林尼治天文台和某地的时间差可以确定该点的经度，是一种绝对定位。其最高精度一般可以达到0.5s左右，相当于地球上15m的范围。利用气压高度计测定位置或目标的海拔高程也是绝对定位的例子，其精度只能达到5 ~ 10m。用雷达测量运动的飞机的方位角和雷达与飞机间的斜距和高度角是相对定位测量的例子。类似于雷达的全站仪是由激光来测量仪器至目标的距离，用精密电子设备测量仪器至目标的方位角和高度角，其相对定位的精度可高达1 ~ 2mm。相对定位技术上较易实现，通过相对定位的方式，在已知某目标绝对定位结果的情况下，也可以获得新目标的绝对定位位置。

四、定位与导航的方法和技术

（一）天文定位与导航技术

如前文所述，人类很早就认识到地球应该类似一个圆球，也知道通过观测太阳或恒星的方位变化和高度角变化测量时间和经纬度，这是早期天文测量定位方法。通过观测天体来测定航行体（海上的船、空中的飞机或其他飞行器）位置，以引导航行体到达预定目的地，称为天文导航。天文导航始于航海，从古代远洋航行出现以来，天文导航一直是重要的船舶定位定向手段，即使在当今，天文导航也是太空飞行器导航的重要手段之一，特别是飞行体姿态确定的重要手段之一。

天文导航定位时，观测目标是宇宙中的星体。人们通过对星体运行规律的观测，编成了天文年历，即一年中任一瞬间各可见星体在天空中的方位和高度角。我们能够根据观测日期和时间，从天文年历中查出星体的位置，进而获得星体在天球上投影点的地理位置（天文经纬度）。天文定位与导航最基本的思路是建立与地球上观测者位置相对应的天球（简单地说，就是以观测者位置为中心假想地将地球膨胀成一个半径为无穷大的圆球面），天球上有星体和地球表面观测者对应的天顶点（观测者头顶在天球上的投影），这样，如果测定了星体与天顶点间的夹角（也叫天顶距），也就得到了星体在天球上的投影点与观测者在天球上的投影点之间的角距离。所以只要观测了星体的天顶距，就能通过计算获得星体天球投影点到观测者天球投影点之间的角距离。通过观测两个星体，得到两个星体投影点（天文经纬度已知）和两个角距离。分别以两个星体投影点为圆心，以各自到观测者天顶的角距离为半径画圆，两圆的交点就是观测者的位置。这就是天文定位的几何原理。

（二）常规大地测量定位技术

常规大地测量定位技术多半属于相对定位技术。由于主要采用以望远镜为观测手段的光学精密机械测量设备，如经纬仪、铟钢基线尺和激光测距仪等，只能进行静止目标的测量定位，其相对定位的精度一般可达 $10^{-6} \sim 10^{-5}$。

（三）惯性导航定位技术

惯性导航系统（Inertial Navigation System，INS）是 20 世纪初发展起来的导航定位系统。它是一种不依赖于任何外部信息也不向外部辐射能量的自主式导航定位系统，具有很好的隐蔽性。惯性导航定位不仅可用于空中、陆地的运动物体的定位与导航，还可以用于水下和地下空间的运动载体的定位与导航，这对军事应用来说有很重要的意义。惯性导航定位的基本原理是惯性导航设备里安装有两种基本的传感器：一种称为陀螺的传感器，可以测量运动载体的三维角速度矢量；一种称为加速度计的传感器，可以测量运动载体在运动过程中的加速度矢量。通过加速度、速度与位置的关系，最终得到运动载体的相对位置、速度和姿态（航向偏转、横向摇摆、纵向摇摆）等导航参数。

惯性导航系统的主要优点是：它不依赖任何外界系统的支持而能独立自主地进行导航，能连续地提供包括姿态参数在内的全部导航参数，具有良好的短期精度和短期稳定性。但惯性导航系统结构复杂，设备造价较高；导航定位误差会随时间积累而增大，因而需要经常校准，有时校准时间也较长，不能满足远距离或长时间航行以及高精度导航的要求。

（四）无线电导航定位技术

利用无线电波来确定动态目标至位置坐标已知的导航定位中心台站之间距离或时间差的定位与导航技术，称为无线电导航定位技术。其定位方法如果按定位系统是否需要用户接收机向系统发射信号来区分，可分为被动式定位方式和主动式定位方式两种。只接收定位系统发射的信号而无须让用户发射信号就能自主进行定位的方式称为被动式定位，如船舶的无线电差分定位等；而需要用户发射信号或同时需要发射和接收信号的定位方式称为主动式定位，如目标的雷达定位、全站仪定位等。

无线电导航信号发射台安设在地球表面的导航系统，称为地基无线电导航系统，若将无线电导航信号发射台安置在人造地球卫星上，就构成卫星导航系统。地基无线电导航系统一般都属相对定位技术。卫星导航系统是可同时进行绝对定位和相对定位的技术。

（五）卫星导航定位技术

前面提到的这些导航与定位技术都存在着不同程度的缺陷。比如天文导航技术很复杂，且仅适合夜晚和天气良好的情况下使用，测量精度也有限；地面无线电导航与定位技术基于较少的无线电信标台站，不但精度和覆盖范围有限，而且易受无线电干扰。20世纪50年代末，苏联发射了人类的第一颗人造地球卫星，美国科学家在对其信号进行跟踪研究的过程中，发现了多普勒频移现象，并利用该原理促成了多普勒卫星导航定位系统TRANSIT的建成，在军事和民用方面取得了极大的成功，是导航定位史上的一次飞跃。但由于多普勒卫星轨道高度低，信号载波频率低，轨道精度难以提高。且由于系统含卫星数较少，地面观测者不可能实现连续无间隔的卫星定位观测，一次定位所需的时间也长，不适应于快速运动物体（如飞机）的定位与导航；定位精度尚不够高，有相当多的缺点。

卫星导航定位技术的本质是无线电定位技术的一种。它只不过是将信号发射台站从地面移到太空中的卫星上，用卫星作为发射信号源。卫星导航定位系统克服了地基无线电导航系统的局限，能为世界上任何地方（包括空中、陆上、海上甚至外层空间）的用户全天候、连续地提供精确的三维位置、三维速度以及时间信息。全球卫星导航定位系统的出现是导航定位技术的巨大革命，它完全实现了从局部测量定位到全球测量定位，从静态定位到实时高精度动态定位，从限于地表的二维定位到从地表到近地空间的全三维定位，从受天气影响的间歇性定位到全天候连续定位的变革。其绝对定位精度也从传统精密天文定位的10米级提高到厘米级水平，将相对定位精度从$10^{-6} \sim 10^{-5}$提高到$10^{-9} \sim 10^{-8}$水平，将定时精度从传统的毫秒级（$10^{-4} \sim 10^{-3}$s）提高到纳秒级（$10^{-10} \sim 10^{-9}$s）水平。

五、组合导航定位技术

组合导航的技术思想从我国古老的航海术中已经体现出来。在北宋宣和元年（1119年）就记载有："舟师试地理、夜则观星、昼则观日、阴晦观指南。"就是说当时的航海家用地文航海术、天文航海术（白天观测太阳，夜晚观测星体），在阴天见不到太阳时用磁罗经进行定向导航。从有文字记载的历史中可以看出，我国是最早综合应用各种航海术的国家之一。而现代组合导航系统是20世纪70年代在航海、航空与航天等领域，随着现代高科技的发展应运而生的。随着电子计算机技术特别是微机技术的迅猛发展和现代控制系统理论的进步，从20世纪70年代开始，组合导航技术就开始迅猛发展起来。为了提高导航定位的精度和可靠性，出现了多种组合导航的方式，如惯性导航与多普勒组合导航系统、惯性导航与测向/测距（VOR/DME）组合导航系统、惯性导航与罗兰（Loran）组合导航系统，以及惯性导航与全球定位系统（INS/GPS）组合导航系统。这些组合导航系统把各具特点的不同类型的导航系统匹配组合，扬长避短，加之使用卡尔曼滤波技术等数据处理方法，使系统导航能力、精度、可靠性和自动化程度大为提高，成为目前导航技术发展的方向之一。

在上述组合导航系统中，以INS/GPS组合导航最为先进，应用最为广泛。由于GPS具有长期的高精度，而INS具有短时的高精度，并且GPS和INS两种运动传感器输出的定位数据速率不同，组合在一个运载体上，它们可对同一运动以不同的互补的精度和定位观测速率间隔获取性质互补的定位观测量，因此，对它们进行组合可以得到高精度的实时定位数据，克服了INS无限制累积的位置误差和独立GPS的慢速率输出定位数据的缺陷。

六、区域卫星导航定位技术

北斗双星导航定位系统是我国自主研制的区域卫星导航定位系统。我国双星导航卫星的发射成功及系统的投入使用大大提高了我国独立自主的导航能力。该系统将定位、通信和定时等功能结合在一起，而且有瞬时快速定位的能力。该系统利用两颗地球同步卫星做信号中转站，用户的收发机接收一颗卫星转发到地面的测距信号，并向两颗卫星同时发射应答信号，地面中心站根据两颗卫星转发的同一个应答信号以及其他数据计算用户站的位置，因此，这是一种主动式无线电定位系统。用户收发机在允许的时间或规定的时间内，在接收到卫星的转发信号后，便可在显示器上显示出定位结果。用户机不必有导航计算装置，但有发射部分，故可同时作为简单的通信和数据传输之用。定位精度视双星的经度间隔而定。如地面有参考点时，其精度可达10m量级。但物体的高度须另用测高仪测量，在必要时提供三维数据。授时精度则可比GPS更高，因标准时钟可以安装在中心站而将定时信号通过卫星传送给用户，比GPS装于卫星上的标准时钟更能保持稳定度和准确度。整个系统的定位处理集中在中心站进行，故中心站随时掌握用户动态，对于管理和商业应用十分有利。由于所用的是同步卫星，所以其覆盖范围是地区性的，但是其面积可以很大（例如中国和东南亚），而且可以发展成为全球性的（高纬度地区除外）。我国建立这一系统，对于交通、运输、旅游、西部地区的开发、灾害监视和防治以及全国范围的时间同步都有重要的作用。我国的第二代卫星导航定位系统正在建设中。

第二节　全球卫星导航定位系统的工作原理和使用方法

一、全球卫星导航定位系统概述

全球卫星导航定位系统都是利用在空间飞行的卫星不断向地面广播发送某种频率，并加载了某些特殊定位信息的无线电信号来实现定位测量的定位系统。卫星导航定位系统一般都包含三个部分：第一部分是空间运行的卫星星座，多个卫星组成的星座系统向地面发送某种时间信号、测距信号和卫星瞬时的坐标位置信号；第二部分是地面控制部分，它通过接收上述信号来精确测定卫星的轨道坐标、时钟差异，监测其运转是否正常，并向卫星注入新的卫星轨道坐标，进行必要的卫星轨道纠正和调整控制等；第三部分是用户部分，它通过用户的卫星信号接收机接收卫星广播发送的多种信号并进行处理计算，确定用户的最终位置。用户接收机通常固连在地面某一确定目标上或固连在运载工具上，实现定位和导航的目的。

具有全球导航定位能力的卫星导航定位系统称为全球卫星导航定位系统，英文全称为Global Navigation Satellite System，简称为GNSS。此外，许多国家也在发展自己的区域卫星导航系统，如日本的QZSS系统、印度的IRNSS系统等。

整个系统由空间部分、控制部分和用户部分组成。

（一）空间部分

1.GPS卫星星座

设计为21颗卫星加3颗轨道备用卫星，2013年5月实际已有32颗在轨运行卫星。其星座参数为：

卫星高度：20200km。

卫星轨道周期：11h58min。

卫星轨道面：6个，每个轨道至少4颗卫星。

轨道的倾角：55°，为轨道面与地球赤道面的夹角。

2.GPS卫星可见性

地球上或近地空间任何时间至少可见4颗，一般可见6～8颗卫星。

3.GPS卫星信号

载波频率：L波段三频，L_1为1575.42MHz，L_2为1227.60MHz，L_5为1176.45MHz；

卫星识别：码分多址（CDMA），即根据调制码来区分卫星。

测距码：C/A码伪距（民用），P_1、P_2码伪距（军用）。

导航数据：卫星轨道坐标、卫星钟差方程式参数、电离层延迟修正，以上数据称为广播星历。它相当于向用户提供了定位的已知参考点的（卫星）的起算坐标和系统参考时间以及相关的信号传播误差修正。

（二）控制部分

监控站：接收卫星下行信号数据并送至主控站，监控卫星导航运行和服务状态。

主控站：卫星广播星历参数估计，卫星控制，定位系统的运行管理。

注入站：将卫星轨道纠正信息、卫星钟差纠正信息和调整卫星运行状态的控制命令注入卫星。

（三）用户部分

GPS接收机由接收天线和信号处理运算显示两大部件组成。

1.按照定位与导航功能，可将接收机分为两大类：

①大地测量型接收机：一般用于高精度静态定位和动态定位。

②导航型动态接收机：一般用于实时动态定位。

2.按照同时能接收的载波频率，也可将接收机分为两类：

①多频接收机：能同时接收两种以上的载波频率和相应的C/A码和P码伪距，一般用于静态大地测量和高精度动态测量。其中，能同时接收P_1和P_2码伪距值的接收机俗称双频双码接收机。

②单频接收机：只能接收L_1与载波频率和C/A码伪距，一般用于低精度测量和普通导航。

二、GLONASS 全球卫星导航定位系统的概念

GLONASS是苏联从20世纪80年代初开始建设的与GPS系统类似的卫星导航定位系统，1996年初正式投入运行，现在由俄罗斯空间局管理。GLONASS的整体结构类似于GPS系统，也由卫星星座、地面监测控制站和用户设备三部分组成，这里不再赘述，其主要不同之处在于星座设计、信号载波频率和卫星识别方法的设计不同。其空间部分的主要参数如下：

卫星星座：24颗，2013年5月后实际已有29颗在轨运行卫星。

卫星高度：19100km。

轨道周期：11h15min。

轨道平面：3个，每个轨道至少8颗卫星。

轨道倾角：64.8°。

载波频率：L_1，1602.0000 + 0.5625i MHz，L_2，1246.0000 + 0.4375i MHz，i为卫星频道编号（$-7 \leq i \leq 6$）。

卫星识别方法：频分多址（FDMA），即根据载波频率来区分不同卫星。

三、伽利略（GALILEO）全球卫星导航定位系统的概念

GALILEO系统是欧洲自主的、独立的全球多模式卫星导航定位系统，可提供高精度、高可靠性的定位服务，同时实现完全非军方控制和管理。

GALILEO系统由30颗卫星组成，其中27颗工作星、3颗备份星。卫星分布在3个中地球轨道（MEO）上，轨道高度为23616km，轨道运行周期为14h7min，轨道倾角56°。每个轨道上部署9颗工作星和1颗备份星，某颗工作星失效后，备份星将迅速进入工作位置替代其工作，而失效星将被转移到高于正常轨道300km的轨道上。GALILEO系统采用码分多址（CDMA）来区分卫星，同时发射L波段4个载波频率，其中，E_1为1575.42MHz，E_{5a}为1176.45MHz，E_{5b}为1207.14MHz，E_6为1278.75MHz。GALILEO系统2023年1月27日其高精度定位服务(HAS)已启用，耗资约40亿欧元。为实验和调试GALILEO系统的导航信号和服务质量，2005年12月28日和2008年4月27日分别发射了2颗试验卫星GIOVE-A、G1OVE-B，随后于2011年10月和2012年10月各分别发射了2颗工作卫星。欧盟的一些专家称，该系统可与GPS和GLONASS兼容，但比后两者更安全、更准确，有助于欧洲太空业的发展。

GALILEO系统按不同用户层次分为免费服务和有偿服务两种级别。免费服务包括提供L_1频率基本公共服务，与现有的GPS民用基本公共服务信号相似，预计定位精度为10m；有偿服务包括提供附加的L_2或L_3信号，可为民航等用户提供高可靠性、完好性和高

精度的信号服务。GALILEO系统定义了五种类型的服务：

1.开放服务（Open Service，OS）：向所有民用用户开放的免费业务。

2.商业服务（Commercial Service，CS）：为商业应用提供实施控制接入的有偿服务。

3.公共管理服务（Public Regulated Service，PRS）：为公共管理安全和军事应用提供实施控制接入的有偿服务。

4.生命安全服务（Safety-of-Life Service，SoL）：确保飞机、车辆运行安全的服务。

5.搜索和救援服务（Search and Rescue Service，S&R）：失踪目标搜索和相应救助的有偿服务。

四、BDS全球卫星导航定位系统的概念

北斗卫星导航系统（BeiDou Navigation Satellite System，BDS）简称北斗系统，是中国实施的自主发展、独立运行的全球卫星导航系统。BDS系统的建设目标是：建成独立自主、开放兼容、技术先进、稳定可靠的覆盖全球的北斗卫星导航系统；系统由空间段、地面段和用户段三部分组成，空间段包括5颗静止轨道（GEO）卫星、27颗中圆地球轨道（MEO）卫星和3颗倾斜地球同步轨道（IGSO）卫星，地面段包括主控站、注入站和监测站等若干个地面站，用户段包括北斗用户终端以及与其他卫星导航系统兼容的终端。

（一）发展特色

北斗系统的建设实践，实现了在区域快速形成服务能力、逐步扩展为全球服务的发展路径，丰富了世界卫星导航事业的发展模式。

北斗系统具有以下特点：

一是北斗系统空间段采用三种轨道卫星组成的混合星座，与其他卫星导航系统相比高轨卫星更多，抗遮挡能力强，尤其低纬度地区性能特点更为明显。

二是北斗系统提供多个频点的导航信号，能够通过多频信号组合使用等方式提高服务精度。

三是北斗系统创新融合了导航与通信能力，具有实时导航、快速定位、精确授时、位置报告和短报文通信服务五大功能。

（二）工程建设方面

1.空间段实现全球组网

当前，北斗一号系统已退役；北斗二号系统15颗卫星连续稳定运行；北斗三号系统正式组网前，发射了5颗北斗三号试验卫星，开展在轨试验验证，研制了更高性能的星载铷原子钟（天稳定度达到10 ~ 14量级）和氢原子钟（天稳定度达到10 ~ 15量级），进

一步提高了卫星性能与寿命；成功发射了19颗组网卫星（其中，18颗中圆地球轨道卫星已提供服务，1颗地球静止轨道卫星处于在轨测试状态），构建了稳定可靠的星间链路，基本系统星座部署圆满完成。2020年7月31日上午10时30分，北斗三号全球卫星导航系统建成暨开通仪式在人民大会堂举行，中共中央总书记、国家主席、中央军委主席习近平宣布北斗三号全球卫星导航系统正式开通。

2.地面段实施了升级改造

北斗三号系统建立了高精度时间和空间基准，增加了星间链路运行管理设施，实现了基于星地和星间链路联合观测的卫星轨道和钟差测定业务处理，具备定位、测速、授时等全球基本导航服务能力；同时，开展了短报文通信、星基增强、国际搜救、精密单点定位等服务的地面设施建设。

（三）系统运行方面

1.健全稳定运行责任体系

完善北斗系统空间段、地面段、用户段多方联动的常态化机制，完善卫星自主健康管理和故障处置能力，不断提高大型星座系统的运行管理保障能力，推动系统稳定运行工作向智能化发展。

2.实现系统服务平稳接续

北斗三号系统向前兼容北斗二号系统，能够向用户提供连续、稳定、可靠服务。

3.创新风险防控管理措施

采用卫星在轨、地面备份策略，避免和降低卫星突发在轨故障对系统服务性能的影响；采用地面设施的冗余设计，着力消除薄弱环节，增强系统可靠性。

4.保持高精度时空基准，推动与其他卫星导航系统时间坐标框架的互操作

北斗系统时间基准（北斗时），溯源于协调世界时，采用国际单位制（SI）秒为基本单位连续累计，不闰秒，起始历元为2006年1月1日协调世界时（UTC）00时00分00秒。北斗时通过中国科学院国家授时中心保持的UTC，即UTC（NTSC）与国际UTC建立联系，与UTC的偏差保持在50纳秒以内（模1秒），北斗时与UTC之间的跳秒信息在导航电文中发播。北斗系统采用北斗坐标系（BDCS），坐标系定义符合国际地球自转服务组织（IERS）规范，采用2000中国大地坐标系（CGCS2000）的参考椭球参数，对准于最新的国际地球参考框架（ITRF），每年更新一次。

5.建设全球连续监测评估系统

统筹国内外资源，建成监测评估站网和各类中心，实时监测评估包括北斗系统在内的各大卫星导航系统星座状态、信号精度、信号质量和系统服务性能等，向用户提供原始数据、基础产品和监测评估信息服务，为用户应用提供参考。

五、GNSS 卫星定位的主要误差来源

上述绝对定位精度不高，主要是由于在已知数据和观测数据中都含有大量误差的缘故。一般来说，产生 GNSS 卫星定位的主要误差按其来源可以分为以下三类：

（一）与卫星相关的误差

1.轨道误差

目前实时广播星历的轨道三维综合误差可达 1 ~ 5m。

2.卫星钟差

简单地说，卫星钟差就是 GNSS 卫星钟的钟面时间同标准 GNSS 时间之差。对于 GPS，由广播星历的钟差方程计算出来的卫星钟误差一般可达 3 ~ 6ns，引起等效距离误差小于 2m。

3.卫星几何中心与相位中心偏差

可以事先确定或通过一定方法解算出来。

为了克服广播星历中卫星坐标和卫星钟差精度不高的缺点，人们运用精确的卫星测量技术和复杂的计算技术，可以通过互联网提供事后或近实时的精密星历。精密星历中卫星轨道三维坐标精度可达 3 ~ 5cm，卫星钟差精度可达 1 ~ 2ns。

（二）与接收机相关的误差

1.接收机安置误差

即接收机相位中心与待测物体目标中心的偏差，一般可事先确定。

2.接收机钟差

接收机钟与标准的 GNSS 系统时间之差。对于 GPS，一般可达 10^{-6} ~ 10^{-5}s。

3.接收机信道误差

信号经过处理信道时引起的延时和附加的噪声误差。

4.多路径误差

接收机周围环境产生信号的反射，构成同一信号的多个路径入射天线相位中心，可以用抑径板等方法减弱其影响。

5.观测量误差

对于 GPS 而言，C/A 码伪距偶然误差约为 1 ~ 3m；P 码伪距偶然误差约为 0.1 ~ 0.3m；载波相位观测值的等效距离误差约为 1 ~ 2mm。

（三）与大气传输有关的误差

1.电离层误差

50 ~ 1000km 的高空大气被太阳高能粒子轰击后电离，即产生大量自由电子，使

GNSS无线电信号产生传播延迟，一般白天强，夜晚弱，可导致载波天顶方向最大50m左右的延迟量。误差与信号载波频率有关，故可用双频或多频率信号予以显著减弱。

2.对流层误差

无线电信号在含水汽和干燥空气的大气介质中传播而引起的信号传播延时，其影响随卫星高度角、时间季节和地理位置的变化而变化，与信号频率无关，不能用双频载波予以消除，但可用模型削弱。

第三节　全球卫星导航定位系统（GNSS）的应用

一、全球卫星导航定位系统概述

全球卫星导航定位系统（GNSS）能够以不同的定位定时精度提供服务，从亚毫米、毫米到厘米、分米、亚米及米和十几米的定位精度都有可供选择的定位方法。在定时方面，可从亚纳秒、纳秒到微秒级的精度实现时间测量和不同目标间的时间同步。在定位的时间响应方面，可以从0.05s、1s到十几秒、几分钟、几个小时或几天来实现不同的实时性要求和精确性要求。从相对定位距离方面看，可从几米一直到几千千米之间，实现连续的静态和动态定位要求。从工作环境上看，除了怕被森林、高楼遮挡信号造成可见卫星少于4颗和强电离层爆发造成GNSS测距信号完全失真外，可以说是全球、全连续和全天候的。这些优良的特性使得它有广泛的应用领域。由于当前较实用的全球卫星导航定位系统只有GPS系统，因此以下的应用案例中主要采用GPS系统来加以说明。

二、在科学研究中的应用

（一）GPS精密定时和时间同步的应用

时间同人们的日常生活密切相关，只不过日常生活中的时间一般只要精确到1s或1ms就够了。但在许多科学研究和工程技术活动中，对时间的要求非常严格。比如要在地球上彼此相距甚远（数千千米）的实验室上利用各种精密仪器设备对太空的天体、运动目标，如脉冲星、行星际飞行探测器等进行同步观测，以确定它们的太空位置、物理现象和状态的某些变化，这就要求国际上各相关实验室的原子钟之间进行精密的时间传递。当前精密的GPS时间同步技术可以实现$10^{-11} \sim 10^{-10}$的同步精度，这一精度可以满足上述要求。此外，GPS精密测时技术与其他空间定位和时间传递技术相结合，可以测定地球自转参数，包括自转轴的漂移、自转角速度的长期和季节不均匀性，而地球自转的不均匀变化将引起海洋水体流动和大气环流的变化，这也正是地球上许多气象灾害如厄尔尼诺现象的诱因。又比如按照广义相对论的理论，引力场将引起时空弯曲，因此GPS精密测时可以测量引力对某些实用时间尺度的影响。

（二）GPS精密定位在地球板块运动研究中的应用

根据现代地球板块运动理论，地球表层的岩石圈浮在液态的地幔上。由于地幔对流的作用，岩石圈分成14个大的板块在做相互挤压、碰撞或者分离的运动。GPS在几十千米到数千千米的范围内能以毫米级和亚厘米级的精度水平测量大陆板块的位移。目前，全球GPS地球动力学服务机构通过国际合作在全球各大海洋和陆地板块上布设了200多个GPS观测基准站，连续对这些观测站进行精密定位，测定各大板块的相互运动速率，以确定全球板块运动模型，并用来研究板块运动的现今短时间周期的运动规律，与地球物理和地质研究的长时期运动规律进行比较分析，研究地球板块边沿的受力和形变状态，预测地震灾害。

（三）GPS精密定位在大气层气象参数确定和灾害天气预报中的应用

GPS技术经过20多年的发展，其应用研究及应用领域得到了极大的扩展，其中一个重要的应用领域就是气象学研究。利用GPS理论和技术来遥感地球大气状态，进行气象学的理论和方法研究，如测定大气温度及水汽含量、监测气候变化等，称为GPS气象学（GPS/METeorology，简写为GPS/MET）。

当GPS发出的信号穿过大气层中的对流层时，受到对流层的折射影响，GPS信号要发生弯曲和延迟，其中信号的弯曲量很小，而延迟量很大，通常在2～3m。在GPS精密定位测量中，大气折射的影响被当作误差源而要尽可能消除干净。在GPS/MET中，与之相反，所要求得的量就是大气折射量。假如在一些已经知道精确位置的测站上用GPS接收机接收GPS信号，当卫星精密轨道也已知的情况下，就可以精确分离GPS信号中的电离层延迟参数和对流层延迟参数，特别测定出对流层中的水汽含量。通过计算可以得到我们所需的大气折射量，再通过大气折射率与大气折射量之间的函数关系，可以求得大气折射率。大气折射率是气温T、气压P和水汽压力e等大气参数的函数，因此可以建立起大气折射量与大气参数之间的关系，这就是GPS/MET的基本原理。

大气温度、大气压、大气密度和水汽含量等量值是描述大气状态最重要的参数。无线电探测、卫星红外线探测和微波探测等手段是获取气温、气压和湿度的传统手段。但是与GPS手段相比，就显示出传统手段的局限性。无线电探测法的观测值精度较好，垂直分辨率高，但地区覆盖不均匀，在海洋上几乎没有数据。被动式的卫星遥感技术可以获得较好的全球覆盖率和较高的水平分辨率，但垂直分辨率和时间分辨率很低。利用GPS手段来遥感大气的优点是全球覆盖，费用低廉，精度高，垂直分辨率高。正是这些优点使得GPS/MET技术成为大气遥感最有效、最有希望的方法之一。当测出水汽含量的变化规律后，可以预知水汽含量超过一定阈值后就会变成降水落到地面，即预报降雨时间和降雨量。此外，利用GPS观测值还能测定电离层延迟参数，并反演高空大气层中的电子含量，监测和预报空间环境及其变化规律，为人类航天活动、通信、导航、定位、输电等服务。

三、在工程技术中的应用

（一）全球和我国大地控制网的建设

大地测量的重要任务之一就是建立和维持一个地面参考基准，为各种不同的测绘工作提供坐标参考基准。简单地讲，要定量地描述地球表面物体的位置，就必须建立坐标系。过去的坐标系是由二维的水平坐标系和垂直坐标系组合而成，是非地心的、区域性的、静态的参考系统。同时由于测量技术和数据处理手段的制约，这种坐标系难以满足现代高精度长距离定位、精密测绘、地震监测预报和地球动力学研究等方面的需要。GPS技术的出现使建立和维持一个基于地心的长期稳定的、具有较高密度的、动态的全球性或区域性坐标参考框架成为可能。我国已建立了国家高精度GPS A级网、B级网、军事部门布测的全国高精度GPS网、中国地壳形变监测网、区域性的地壳形变监测网和高精度GPS测量控制网等。

（二）在工程施工测量、精密监测中的应用

GPS的应用是测量技术的一项革命性变革。它具有精度高、观测时间短、测站间不需要通视和全天候作业等优点。它使三维坐标测定变得简单。GPS已广泛应用到工程测量的各个领域，从一般的控制测量（如城市控制网、测图控制网）到精密工程测量，都显示了极大的优势。GPS测量定位技术还用于桥梁工程、隧道与管道工程、海峡贯通与连接工程、精密设备安装工程等。

此外，GPS测量技术具有高精度的三维定位能力，它是监测各种工程形变极为有效的手段。工程形变的种类很多，主要有大坝的变形、陆地建筑物的变形和沉陷、海上建筑物的沉陷、资源开采区的地面沉降等。GPS精密定位技术与经典测量方法相比，不仅可以满足多种工程变形监测工作的精度要求（$10^{-8} \sim 10^{-6}$），而且更有助于实现监测工作的自动化。例如，为了监测大坝的形变，可在远离坝体的适当位置选择若干基准站，并在形变区选择若干监测点。在基准站与监测点上，分别安置GPS接收机进行连续的自动观测，并采用适当的数据传输技术实时地将监测数据自动地传送到数据处理中心，进行处理、分析和显示。

（三）在通信工程、电力工程中的应用（时间）

在我们的日常生活中，电网调度自动化要求主站端与远方终端（RTU）的时间同步。当前大多数系统仍采用硬件通过信道对时，主站发校时命令给远方终端对时硬件来完成对时功能。若采用软件对时，则具有不确定性，不能满足开关动作时间分辨率小于10ms的要求。用硬件对时，分辨率可小于10ms，但对时硬件复杂，并且对时期间（每10min要对一次）完全占用通道。当发生 YX 变位时，主站主机CPU还要做变位时间计算，占用CPU的开销。利用GPS的定时信号可克服上述缺点。GPS接收机的时间码输出接口为RS232及并行口，用户可任选串行或并行方式，还有一个秒脉冲输出接口（1PPS），输出接口可根据需要选用。

GPS高精度的定时功能可在交流电网的协同供电中发挥作用，使不同电网中保持几乎协同的相角，节约电力资源。大型电力系统中功角稳定性、电压稳定性、频率动态变化及其稳定性都不是一个孤立的现象，而是相互诱发、相互关联的统一物理现象的不同侧面，其间的关联又会受到网络结构及运行状态的影响。其中母线电压相量和功角状况是系统运行的主要状态变量，是系统能否稳定运行的标志，必须进行精确监测。由于电力系统地域广阔、设备众多，其运行变量变化也十分迅速，获取系统关键点的运行状态信息必须依赖于统一的、高精度的时间基准，这在过去是完全不可能的。GPS的出现和计算机、通信技术的迅速发展，为实现全电网运行状态的实时监测提供了坚实的基础。

（四）在交通、监控、智能交通中的应用

随着社会的发展进步，实现对道路交通运输（车队管理、路边援助与维修等）、水运（港口、雾天海上救援等）、铁路运输（列车管理）等车辆的动态跟踪和监控非常重要。将GPS接收机安装在车上，能实时获得被监控车辆的动态地理位置及状态等信息，并通过无线通信网将这些信息传送到监控中心，监控中心的显示屏上可实时显示出目标的准确位置、速度、运动方向、车辆状态等用户感兴趣的参数，并能进行监控和查询，方便调度管理，提高运营效率，确保车辆的安全，从而达到监控的目的。移动目标如果发生意外，如遭劫、车坏、迷路等，可以向信息中心发出求救信息。处理中心由于知道移动目标的精确位置，可以迅速给予救助。特别适合对公安、银行、公交、保安、部队、机场等单位对所属车辆的监控和调度管理，也可以应用于对船舶、火车等的监控。对于出租车公司，GPS可用于出租汽车的定位，根据用户的需求调度距离最近的车辆去接送乘客。越来越多的私人车辆上也装有卫星导航设备，驾车者可根据当时的交通状况选择最佳行车路线，获悉到达目的地所需的时间，在发生交通事故或出现故障时系统自动向应急服务机构发送车辆位置的信息，因而可获得紧急救援。目前，道路交通运输是定位应用最多的用户。

（五）在测绘中的应用

全球卫星导航定位系统的出现给整个测绘科学技术的发展带来了深刻的变革。GPS已广泛应用于测绘的方方面面。主要表现在：建立不同等级的测量控制网；获取地球表面的三维数字信息并用于生产各种地图；为航空摄影测量提供位置和姿态数据；测绘水下（海底、湖底、江河底）地形图等。此外，还广泛有效地应用于城市规划测量、厂矿工程测量、交通规划与施工测量、石油地质勘探测量以及地质灾害监测等领域，产生了良好的社会效益和经济效益。

（六）海陆空运动载体（车、船、飞机）导航

海陆空运动载体（船、车、飞机）导航是卫星导航定位系统应用最广的领域。利用GPS对大海上的船只进行连续、高精度实时定位与导航，有助于船舶沿航线精确航行，节省时间和燃料，避免船只碰撞。出租车、租车服务、物流配送等行业利用GPS技术对车辆进行跟踪、调度管理，合理分布车辆，以最快的速度响应用户的乘车请求，降低能源消耗，节省运行成本。GPS在车辆导航方面发挥了重要的角色，在城市中建立数字化交通电台，实时发播城市交通信息，车载设备通过GPS进行精确定位，结合电子地图以及实时的交通状况，自动匹配最优路径，并实行车辆的自主导航。根据GPS的精度和动态适应能力，它将可直接用于飞机的航路导航，也是目前中、远航线上最好的导航系统。基于GPS或差分GPS的组合系统将会取代或部分取代现有的仪表着陆系统（ILS）和微波着陆系统（MLS），并使飞机的进场/着陆变得更为灵活，机载和地面设备更为简单、廉价。

四、在军事技术中的应用

当今世界正面临一场新的军事革命，电子战、信息战及远程作战成为新军事理论的主要内容。导航卫星系统作为一个功能强大的三维位置、速度及姿态传感器，已经成为太空战、远程作战、导弹战、电子战、信息战的重要武器，并且敌我双方对武器控制导航作战权的斗争将发展成为导航战。谁拥有先进的导航卫星系统，谁就在很大程度上掌握未来战场的主动权。卫星导航可完成各种需要的精确定位与时间信息的战术操作，如布雷、扫雷、目标截获、全天候空投、近空支援、协调轰炸、搜索与救援、无人驾驶机的控制与回收、火炮观察员的定位、炮兵快速布阵以及军用地图快速测绘等。卫星导航可用于靶场高动态武器的跟踪和精确弹道测量以及时间统一勤务的建立与保持。

（一）低空遥感卫星定轨

用于遥感、气象和海洋测高等领域的低轨道卫星（卫星高度约300～1000km），由于大气阻力、太阳辐射压、摄动等参数无法准确模型化，致使难于用动力法精密确定卫星

轨道。对这些卫星用通常的地面跟踪技术（如激光、雷达、多普勒等）进行动力法定轨，其误差将随着卫星高度的降低而明显增大，可达几十米甚至超过百米，这样的定轨精度已不能满足许多高精度应用对卫星轨道的需要。对这些低轨道卫星进行精密定轨的一个极有前景的方法是采用星载GPS技术，如国外的TOPEX卫星、地球观测系列卫星EOS-A、EOS-B（地面高度为705km）和一系列的航天飞机（地面高度为250 ~ 300km）上都装载GPS系统，用星载GPS技术可实现精密定轨的要求。几何法星载GPS定轨完全不受通常的动力法定轨中大气阻力和太阳辐射压不确定性的影响，与通常的动力法定轨相比具有显著的优点，定轨精度高，能达到几个厘米的水平。

（二）飞机、火箭的实时位置、轨迹确定

在军事上，GPS可为各种军事运载体导航。例如为弹道导弹、巡航导弹、空地导弹、制导炸弹等各种精确打击武器制导，可使武器的命中率大为提高，武器威力显著增强。武器毁伤力大约与武器命中精度（指命中误差的倒数）的3/2次方成正比，与弹头TNT当量的1/2次方成正比。因此，命中精度提高2倍，相当于弹头TNT当量提高8倍。提高远程打击武器的制导精度，可使攻击武器的数量大为减少。卫星导航已成为武装力量的支撑系统和武装力量的倍增器。各种海陆空作战平台、导弹、巡航导弹均开始装备GPS或GPS/INS组合导航系统，这将使武器命中精度大大提高，极大地改变未来的作战方式。如今，GPS已经应用于特种部队的空降、集结、侦察和撤离过程；应用于对所有海陆空军参战飞机进行空战指挥，实施空中管制，夜航盲驶、救援引导、精确攻击中；也应用于对地面部队引导、穿越障碍和雷区、战场补给、地面车辆导航、海空火力协同、火炮瞄准、导弹制导等方面。GPS在海湾战争、美国对伊拉克实施"沙漠之狐"行动和以美国为首的北约对南联盟的战争中都发挥了重要的作用。

（三）战场的精密武器时间同步协调指挥

GPS定时系统在军事上有很大的应用潜力。在现代化战争的自动化指挥系统中，几乎所有的战略武器和空间防御系统、战场指挥和通信系统、测绘、侦察和电子情报系统都需要GPS所提供的统一化的"时空位置信息"。在导弹试验靶场，高精度的时间信号是解决靶场测试时间同步、提高测量精度的基础。

GPS系统所提供的精确位置、速度和时间（PVT）信息对现代战争的成败至关重要。它在战前的部队调动与布置中，在战中的指挥控制、机动与精确作战中，在全空间防卫以及在综合后勤支持中都发挥着重要作用。如果将各作战单位的GPS位置信息通过无线电通信不断地传输到作战指挥中心，再加上通过侦察手段所获取的敌方目标的位置信息，然后

统一在大屏幕显示器上显示，就可以使战区指挥员能随时掌握整个战场上敌我双方的动态态势，从而为其作战指挥提供了一项准确而重要的依据。可以说，兵家几千年以来的"运筹帷幄之中，决胜千里之外"的梦想正在成为现实。

五、在其他领域的应用

（一）在娱乐消遣、体育运动中的应用

随着GPS接收机的小型化以及价格的降低，GPS逐渐走进了人们的日常生活，成为人们旅游、探险的好帮手。当今手机功能继续花样翻新，又一新趋势是将全球定位系统（GPS）纳入其中。一部可以指引方向的手机对于那些喜爱野外旅行和必须在人迹罕至的区域工作、生活的人非常重要。无论攀山越岭、滑雪、打猎野营，只要有一部导航手机在手，就可及时给出你的所在地，并显示出附近地势、地形、街道索引的道路蓝图。GPS手机的另一卖点，莫过于求救信息有迹可寻。因为GPS手机收信人除了听到对方"救命"之声外，更可同时确切地显示出待救者所在的位置，为那些爱征服恶劣环境的人提供了一种崭新的安全设备。另外，通过GPS，人们可以在陌生的城市里迅速找到目的地，并且可以以最优的路径行驶；野营者带上GPS接收机，可快捷地找到合适的野营地点，不必担心迷路；GPS手表也已经面世；甚至一些高档的电子游戏也使用了GPS仿真技术。

GPS不仅实时确定运动目标的空间位置，还可以实时确定运动目标的运动速度。运动员在平时训练时，可佩戴微型的GPS定位设备，教练就能实时获取运动员的状态信息，基于这些信息，分析运动员的体能、状态等参数，并调整相关的训练计划和方法等，有利于提高运动员的训练水平。

（二）动物跟踪

如今，GPS硬件越来越小，可做到一颗纽扣大小，将这些迷你的GPS装置安置到动物身上，可实现对动物的动态跟踪，研究动物的生活规律，比如鸟类迁徙等，为生物学家研究各种陆地生物的相关信息提供了一种有效的手段。

（三）GPS用于精细农业

当前，发达国家已开始将GPS技术引入农业生产，即所谓的精准农业耕作。该方法利用GPS进行农田信息定位获取，包括产量监测、土样采集等。计算机系统通过对数据的分析处理，依据农业信息采集系统和专家系统提供的农机作业路线及变更作业方式的空间位置（给定x、y值内），使农机自动完成耕地、播种、施肥、中耕、灭虫、灌溉、收割等

工作，包括耕地深度、施肥量、灌溉量的控制等。通过实施精准耕作，可在尽量不减产的情况下降低农业生产成本，有效避免资源浪费，降低因施肥除虫对环境造成的污染。

总之，全球卫星导航定位技术已发展成多领域（陆地、海洋、航空航天）、多模式（静态、动态、RTK、广域差分等）、多用途（在途导航、精密定位、精确定时、卫星定轨、灾害监测、资源调查、工程建设、市政规划、海洋开发、交通管制等）、多机型（测地型、定时型、手持型、集成型、车载式、船载式、机载式、星载式、弹载式等）的高新技术国际性产业。全球卫星导航定位技术的应用领域上至航空航天，下至捕鱼、导游和农业生产，已经无所不在了，正如人们所说的"GPS的应用，仅受人类想象力的制约"。

第七章　无人机测绘技术的应用

第一节　无人机测绘技术在建筑工程测量中的应用

建筑工程测量一直是建筑工程施工过程中重要环节，该环节直接影响整体工程质量，因此，受到各个建筑工程施工企业重视。专业人士提出，在建筑工程测量过程中引进无人机测绘技术，取得一定成果。本章简要介绍无人机测绘技术实际特点，分析该项技术在建筑工程测量中的应用优势，提出该项技术具体应用策略。近几年以来，我国经济高速发展，在这一大背景下，各类建筑工程的数量以及规模在不断扩大。在建筑工程设计以及建设过程中，测量问题一直受到各界高度关注。各个建筑工程施工企业积极研究相关技术，以提升建筑工程测量水平，经过不断研究，提出在建筑工程测量过程中应用较为先进的无人机测绘技术。通过无人机测绘技术的有效应用，进一步提升测量水平，同时也有利于建筑工程行业适应新时期发展需求。

一、无人机技术在建筑工程测绘中的应用优势

（一）能够实现高速监控

在建筑工程勘测过程中，测量人员通过利用先进的无人机技术能够实现对于所施工区域的高速监控，通过进行高速监控了解工程现场具体情况。运用无人机技术，能够让建筑工程施工企业在对建筑工程进行测绘过程中，避免一些外界因素干扰，最大限度提高测量精准性。通过运用无人机技术实现高速监控，也有利于进一步节约建筑工程施工成本，对于建筑工程企业未来发展起到至关重要的作用。在无人机技术应用过程中，建筑工程施工企业有关方面也应当高度重视，为无人机技术有效应用提供便利条件。

（二）能够实现大规模观测

我国各个建筑工程实际特点并不相同，一部分建筑工程规模较大，如果在测绘过程中使用较为普通的工程测绘技术，会导致测绘误差发生的概率增大。通过运用无人机测绘技术，能够有效解决策略问题。在利用无人机技术进行高空遥感监测过程中，内部的无线传

输技术可以实现对于建筑物远程遥控，同时也能够实现实时成像，让地面技术人员能够了解到施工区域各处具体情况，也能够根据无人机传回数据，对于建筑结构进行合理改进，最终达到提升建筑结构使用寿命的目的。

（三）能够实现信息的快速收集及传输

在运用无人机技术对于建筑工程进行测绘过程中，可以通过数据收集模块以及信息收集模块实现对于各类图像信息的快速处理，也能够进一步提升工程测绘人员对于重要数据的分析效率。在建筑工程施工过程中，部分工程的施工区地质、水文条件相对较差，通过无人机所具有的勘探功能，能够实现对于地质水文信息的收集，通过对于该类信息的分析，有助于建筑工程施工企业决策层做出相应决策工作，避免工程在建设过程中遭受巨大经济损失，对于建筑行业在新时期健康、可持续发展意义重大。

（四）能够保障数据的安全性

在传统的工程测绘模式中，需要建筑工程施工企业组织测绘队伍进行测绘，但由于测绘人员水平各不相同，很容易出现工作失误现象。同时在测绘信息的保管方面也存在相应问题，如果测绘人员不能够按照相关操作流程，对于测绘信息进行及时传输或者保管，则会造成测绘信息丢失，最终让建筑工程施工企业蒙受巨大经济损失。如果在实际测绘过程中运用较为先进的无人机测绘技术，则能够通过电子方式传输或者保管测绘信息。在进行测绘时，技术人员可以运用数据安全加密系统，对于所得的数据及信息进行安全加密，通过设置防火墙的方式，能够保障数据安全。再者，由于应用无人机测控技术过程中，无人机设备可以与测绘目标保持一定距离，在数据传输时也能够避免外界因素的干扰而导致传输误差。总的来看，运用无人机技术进行测绘，能够最大限度地保障数据以及信息安全，为各类建筑设计以及建造提供重要依据。

二、无人机测绘技术在建筑工程测量中应用策略

（一）在建筑规划勘察阶段应用

在各类建筑工程施工过程中，首先都应当积极进行勘察工作，从某种角度上来讲勘察工作的质量，将直接影响建筑工程质量。因此，各个建筑工程施工企业对于勘察工作都高度重视，纷纷采取有效措施，不断提升勘察工作水平。在勘察工作进行过程中，测绘是核心环节。现阶段，我国建筑工程施工企业所采用的测绘作业方法主要有数字化测图、全站仪测图、GPS建图等，但这些测绘方法在应用过程中会受到一定程度的限制，在一些情况较为复杂的地区，无法发挥出实际测绘水平。针对这一情况，部分建筑工程施工企业提

出，运用无人机测绘技术替代传统的测绘技术，以达到提升测绘工作水平目的。我国无人机测绘技术在应用过程中，通过卫星定位的方式确保数据准确性。如果在测绘区域由于外部条件限制，无法接收到卫星信号，技术人员会根据现场实际情况，使用全站仪进行补充测量。通过运用无人机测绘技术，能够进一步提升建筑勘测的准确性，有利于后续施工工作的有序开展。除此之外，由于无人机设备具有自动化程度较高的特点，通过运用无人机测绘技术，在很大程度上降低了工作人员的工作强度，也能够避免工作人员处于危险环境之中，对于节约建筑工程施工企业人力以及物力都具有重要意义。

（二）低空无人机测量技术

部分建筑工程施工过程中，所处的环境相对复杂，同时也会受到气候条件的影响，导致测绘工作无法正常进行。在这种情况之下，如果技术人员仍然沿用传统的航拍技术，很难获取关键信息，有无法完成对于建筑工程的勘探工作。在传统测绘技术应用基础之上，部分建筑工程施工企业提出，在一些情况较为复杂的区域，采用低空测绘技术。在该项技术应用过程中，无人机能够实现与建筑物的近距离接触，也能够实现对于地区影像快速收集，在很大程度上提升了技术人员的工作效率，也能够进一步提升测绘工作准确性。在运用低空无人机测量技术过程中，建筑工程施工企业方面应当对于现有技术进行不断改进及升级，合理增加无人机续航时间，避免因电量不足而导致测绘工作无法继续进行等问题发生。

（三）获取测绘影像资料

在运用无人机技术进行工程测试过程中，技术人员应当对于无人机的飞行路线进行提前规划，在规划过程中要考虑到多方面因素。如果无人机技术在应用过程中处于较为复杂的情况，则应事先进行模拟试验。在执行测绘任务过程中，技术人员要对于无人机在飞行过程中可能受到的各种干扰进行深入分析，采取有效措施，积极排除各类干扰因素，确保无人机能够通过远程遥控系统的操纵，通过对于镜头的控制，能够实现在不同高度下拍照的目的，让无人机在飞行过程中获得识别程度较高的头像以及更为清晰的影像数据。通过获取重要的测绘影像资料，能够让建筑工程施工企业了解建筑物的大致情况，以便有针对性地对于施工过程进行改进，进一步提升施工效果，也能够让企业在创造可观经济效益的同时树立良好的社会形象。

（四）在施工阶段的应用

在通常情况下，建筑工程施工过程应当从场地平整开始，在场地平整工作进行完毕之后，相关人员要进行土方平衡的设计。在土方平衡设计过程中，要使用到水准仪、三角高程测量等设备完成该项工作。但由于受到技术条件的限制，这些测绘技术仅能够完成对于施工区域的单点测量，数据采集速度也相对较慢。如果利用无人机测绘技术，则能够实现对于施工区域的找平测量以及数字转换工作，无人机设备会及时将数据及信息传送至处理平台，通过处理平台对于数据以及信息处理，建立三维数字地表模型，能够实现对于影像数据的解析，最终获得准确的土方量。在建筑工程施工阶段，无人机测绘技术具有广阔的应用范围，通过运用该项技术，能够让建筑工程施工企业了解施工阶段企业各个环节的运行情况，也能够及时找出在施工过程中存在的各类问题，避免重大安全生产事故发生，为企业节约相应经济成本。在无人机测绘技术应用过程中，建筑工程施工企业各部门应当高度重视，为该项技术的有效应用提供便利条件，进一步提升无人机测绘工作水平。

（五）在其他方面应用

随着技术的不断发展，现阶段在建筑工程施工过程中，已经能够实现将无人机测控技术与BIM技术进行深度融合，通过深度融合能够进一步提升测绘效果，也有利于尽快建立数据模型。运用无人机技术测绘所得的重要数据及信息，能够通过相应系统，及时纳入BIM信息采集数据库中，能够实现对于建筑工程测量信息的可视化分析，有助于建立相应评价体系实现对于建筑设计的评估，也能够为设计人员设计工作提供重要依据。

除此之外，随着无人机测绘技术的不断改进以及升级，在建筑工程施工其他领域也有广泛的应用范围。例如：运用无人机测绘技术能够实现对于建筑物的环境监测以及质量监测，通过监测能够了解到建筑物在设计及建设过程中所存在的各类缺陷；在工程质检过程中，通过运用先进的无人机测绘技术，能够实现对于施工现场的快速检查，通过检查能够进一步提升建筑物质量。

总的来看，无人机测绘技术在建筑工程施工领域具有巨大的应用前景，通过应用该项技术能够弥补传统测绘技术不足之处，有利于建筑工程施工企业方面不断调整施工方案，最终提升建筑使用者满意程度。

第二节 无人机测绘技术在农业植保领域中的应用

我国作为农业大国，保证农作物产量对保护我国粮食安全具有重要意义。无人机测绘技术优势明显，将无人机测绘技术引入农业植保领域，能够有效掌握农作物的长势以及健康状态，但在应用过程中也存在着技术水平低、行业不规范等问题。基于此，笔者阐述了无人机测绘技术在农业植保领域中的应用优势以及存在的问题，提出了优化无人机农业植保技术、构建相关服务机构、完善维修网点等在农业植保领域应用无人机测绘技术的具体措施，并分析了无人机测绘技术在农业植保领域的具体应用。结果表明，无人机测绘技术不仅可以有效监测和判断农作物的健康状态，还可以有效识别农作物的密度和出芽率，为作物的产量提供基础保障。

无人机测绘技术优势明显，不仅可以有效识别农作物的健康状况，还可以提升生产集约化水平。因此，在农业植保中有效应用无人机测绘技术，可以为作物的产量以及农业的发展提供基础保障。但是在应用该技术的过程中，仍然存在着技术水平低、行业不规范等问题，所以要采取一定措施来解决相关问题，使该技术能够被更加合理地应用。

一、无人机测绘技术在农业植保领域中的应用优势

（一）有效控制施药量

从农业灾害监测的角度来讲，无人机技术主要是对病虫害进行全面防治。无人机在正常作业时，需要根据实际情况来制订喷洒方案，完成相应的喷洒工作。在该过程中，无人机测绘技术能够科学有效地控制施药量，还能使药剂喷洒的均匀程度符合相关标准，并确保整个喷雾作业过程的科学性、合理性以及精准性。

（二）提高生产集约化水平

无人机设备是农业在不断发展过程中产生的新兴产物之一，其可以有效体现农业生产集约化水平，所以有效应用无人机设备以及无人机测绘技术等不仅可以全面提升农业资源的利用效率，还可以实现农作物的规模化生产，并为提升农作物的整体质量提供基础保障。

二、农业植保领域应用无人机测绘技术存在的问题

（一）无人机技术缺乏先进性

虽然无人机测绘技术一直处于不断发展的状态，并且在农业植保中也得到了有效应用，但是无人机的自身特性使其在应用中受到了一定的限制，从而不利于开展相关的农业植保工作。无人机体形较小，操作灵活，但也载重有限，同时作业时间缺乏持久性，且无人机电池充电时间相对较长，续航相对较短。此外，小型无人机的自动躲避障碍功能和防摔功能都相对较差，当在复杂程度相对较高的农业植保区域中开展工作时，如果出现一定的失误或疏忽，就会导致无人机受到损坏，甚至报废。

（二）农民技术水平较低

由于农民自身知识水平有限，其无法有效地操作和应用无人机，从而使无人机的使用

效率相对较低，也使无人机在农业植保中的应用受到限制，增加了无人机的生产成本。

（三）维修网点不完善

目前，维修网点建设缺乏完善性是小型无人机在农业植保应用中存在的问题之一。完善无人机维修网点可以更好地满足维修需求，从而提升无人机在农业植保中的应用频率。但是在实际状况中，由于受到各种因素的影响，如人力、资金等，使得维修网点建设工作无法顺利开展，当使用人员出现相关维修需求时，无法得到很好的满足。同时，相关维修成本增大，导致使用人员对无人机产生一定的排斥心理，进而大幅度降低农业植保中无人机的使用概率。

（四）行业规范缺乏统一性

目前，无人机行业处于高速发展状态，但是行业标准尚未制定，因此行业的规范性和统一性相对欠缺。由于缺乏相应的标准，造成该技术的植保标准和性能等都缺乏完善性，进而导致其在农业植保中的应用受到一定的限制，同时也很难实现无人机技术持续发展的目标。

三、农业植保领域无人机测绘技术的应用措施

（一）优化无人机农业植保技术

为了全面提升农业相关工作效率，可以将无人机技术应用到农业植保中，但相关技术和无人机自身等存在一定的限制，从而使得应用效果达不到预期。为了有效改善该现象，相关研发机构要在满足农业植保工作需求的基础上，不断完善与优化小型无人机设备的功能以及性能。同时，在正式使用小型无人机之前，需要开展性能和安全性测验工作，当设备的安全性、可靠性符合相关标准之后，才可以将其应用于农业植保工作中。此外，在开展相关研究工作时，要加强小型无人机设备的推广工作，让更多的农民能够应用该设备，以此全面提高农业的机械化水平。

（二）建立服务机构

小型无人机在农业灾害防控工作中具有重要作用，因此需要大力开展无人机的相关推广工作，提高农民使用无人机的概率。同时，要建立相关专业服务机构，专业人员可以教授农民如何应用无人机设备和技术，并为农民提供相应的技术支持和售后服务，还要不断培养和提升专业人员的专业性，使其能够更好地发挥自身专业性的作用，更好地服务农民，从而增加农民选择无人机开展农业植保工作的概率。此外，相关机构可以定期开展培

训工作，并对培训内容进行考核，以提升相关服务人员的专业水平。专业服务人员也可以到农田中向农民展示无人机操作，并将相关操作流程和重点传授给农民，使农民更好地掌握该设备的操作技巧。专业人员还可以开展相关讲座或者宣讲会，不断强化农民对无人机方面的知识。另外，当设备出现相关问题时，专业人员要提供有效的售后服务，为农民妥善解决问题、为无人机设备的使用提供保障。

（三）完善维修网点

无人机出现问题的概率相对较高，为了满足使用人员的维修需求，需要科学完善维修网点。这样不仅可以满足相关人员的维修需求，还可以降低无人机运行成本，提升消费者购买欲望，促进无人机在农业植保过程中的有效应用。根据无人机购买人员位置信息，成立相关维修网点，并结合实际情况开展相关的上门服务，妥善解决问题，提升使用人员满意度，提高无人机销售量。此外，由于维修网点和农民之间的距离缩短，使得维修的便捷性明显提高，从而促使无人机在农业植保领域中得到有效应用。

（四）制定健全的行业规范和标准

对无人机产品来讲，生产该产品的企业相对较多，为了保证产品的质量，国家需要制定相关的行业规范和标准。在该规范或标准中，应明确生产需求，并对相关质量提出具体要求。同时，只有在产品经过国家审核认定之后才可以投入市场使用，以此保障产品的质量。为了使无人机在农业植保中发挥自身的价值，需要在农业植保具体需求的基础上，不断完善无人机数据技术和飞行技术，提升无人机作业规范性。在利用无人机开展农药喷洒工作时，需要相关人员提前对农民进行全面指导，从而保障相关工作的顺利开展，进而充分发挥无人机的作用和价值。

四、无人机测绘技术在农业植保领域中的具体应用

（一）识别出苗率和作物密度

随着科技水平的提升，无人机测绘技术不断优化和完善，并被广泛应用于农业植保领域中。无人机测绘技术能够有效识别作物的出苗率以及密度等，为了确保出苗率测量数值的精准性，相关检测人员和研究人员还会对出苗率和密度等测量的时机进行选择，第一次选择在播种后一周，第二次选择在播种后的第12天。在全面开展识别工作时，由于无人机在感知能力方面相对突出，因此利用无人机来反复测定相关的测定点。同时，采集作物的多光谱图像数据，并合理矫正、标定部分数据，再在采集数据的基础上，分析和标记相关作物，计算作物的密度，进而保障作物的出苗率和密度等。

（二）识别小麦和玉米的含氮量

从相关研究资料中可知，农作物中的含氮量能够对农作物生长速度产生直接影响，即农作物中的含氮量越高，其生长速度越快。在农业植保中应用无人机，可以有效测量玉米和小麦中的含氮量，并以此来识别和判断其是否能满足农作物的生长需求。当含氮量无法满足农作物生长需求时，相关人员就要及时补充氮肥。在对含氮量进行全面测量时，需要重视以下内容：

1.在开展含氮量测量工作时，需要选择不同的时间段来分析作物的长势以及所需营养状况。从研究数据中可知，不同种类的农作物对氮的需求量存在一定的差异性，同时相同作物在不同时间或季节对含氮量的需求也不同，但是具体所需量需要相关人员通过计算所得。无人机中具备光学传感器，该传感器能够通过红外遥控采集数据，并对数据进行科学有效处理，从而完成含氮量检测和识别的工作。

2.需要在相关影像或图像的基础上，直观呈现作物的相关指数，这样可以更好地掌握作物的状况，确保数据的精准性。在获得相关数据的基础上，计算作物所需的含氮量，使投放的氮肥更加合理。总而言之，将无人机技术应用到农业植保中，可以更好地掌握农作物的实际情况，为农作物的健康生长提供基础保障。

（三）检测和评价农作物早期健康状态

无人机具有较高的勘探效率，并且勘探获得的数据精准性较高，因此无人机可以有效应用在农作物疾病状况检测和健康状况评价等工作中。在疾病检测中应用无人机技术，能够检测出潜在的病症，并合理判断农作物的健康状态。在早期检测的过程中，需要注意以下内容：

1.在无人机调查数据的基础上，全面了解和掌握农作物的营养水平以及长势，将科学的健康参数表格作为基础标准，在参数表格和相关图像的基础上展开分析，判断农作物的健康状态。

2.依据无人机判断相关疾病的症状，同时可以对疾病进行合理化控制，但是该技术无法提前预知疾病的症状，只能在总体情况的基础上，合理判断作物的发病率以及严重程度。

（四）检测记录农作物

目前，在农业植保领域中无人机技术的功能主要体现在以下方面：

1.无人机能够全面了解和掌握作物是否受杂草的侵害，判断侵害程度，并且确定除草过程中除草剂的使用量。

2.无人机能够有效监测农作物在水分方面的需求，并制订相关灌溉计划以及标准，以满足农作物在水分方面的需求，保障农作物的健康生长。

3.相关人员要全面掌握农作物的轮作以及耕作状况，并在相关监测数据的基础上，了解农作物的出苗率以及产量等，提升耕作技术的完善性，提高农作物的出芽率和产量，保障无人机的检测效果。

在农业植保中应用无人机测绘技术不仅可以有效监测和判断农作物的健康状态，还可以有效识别农作物的密度和出芽率，为农作物的产量提供基础保障。为了充分发挥无人机测绘技术的优势与作用，对该技术在农业植保中的应用进行深入研究，有助于提升农业资源的利用效率和农业生产集约化水平，推进农作物规模化生产，为农业植保的健康发展奠定基础。

第三节　轻便型无人机快速测绘技术在地质灾害应急抢险中的应用

现代科学技术的不断发展促进我国无人机产业的不断发展和进步，无人机技术在许多领域的应用越来越深入，许多相关设备也得到改进，为无人机技术的应用和推广打下良好的基础。无人机技术的引入不仅可以有效地扩大监测范围，而且可以提高监测的精度和效率，具有良好的应用价值和发展前景。但是，无人机技术在地质灾害应急抢险中的应用还存在一些问题，如无人机技术的稳定性和准确性有待进一步验证和优化。

随着科技的不断发展，无人机技术也有了各种突破性的进展。无人机遥感等新兴技术被广泛应用于各个领域。同时，无人机在矿山地质灾害调查和探测中发挥着无可比拟的作用。当今世界地质灾害的发生越来越频繁，对人类社会的经济和安全产生了重大影响。我国幅员辽阔是发生严重地质灾害最频繁的国家之一。人们正逐步将基于无人机的快速测绘技术应用于地质灾害研究，以地质灾害数据采集的形式建立地质灾害后数据采集、分析和处理的协同服务机制。测绘无人机在灾害预测和评估中发挥着重要作用，对我国经济的发展具有重要意义。

一、快速测绘技术的主要内容

（一）开展地形测量

测量和制图时，应注意确保地图尺寸数据与实际地形值相符。另外，由于我国幅员辽阔，各地区之间的地形特征也存在差异，因此在测量大片森林或绿地时不能简单地使用自动文件符号来描述，必须用不同的植被符号展现。测绘时，应确保所有区域测量数据的准确性，并使用数据末尾的两位数字进行识别。测绘丘陵和岩石等区域时，勘测员应测量整个区域，并确保测量数据与实际地形数据相符，以确保测绘数据的正确。此外，测绘工程师在测绘过程中，还必须不断思考和检查测绘好的地形图，以发现存在的问题和缺陷，使测量方法适应当地环境，确保测绘工作的高质量。

（二）进行地形测绘

在进行地形测绘工作时，测绘人员不仅要绘制高程线，还要完成完整地形数据的标注。同时，在测量过程中，工作人员还必须完美掌握地图中包含的高度线的所有信息，以确保测绘工作的质量，并在测绘项目中发挥高度线的优势。为了获得完整的技术地图，在制图工作期间，工作人员应详细标记区域的特征及其数值，并将所有制图数据和完整地图发送给研究人员，研究人员将不同的位置和特征用线段和控制点进行标记。工作完成后，再次进行核查，以确保地图上的所有点和线段均正确。

二、无人机的系统构成

在地质灾害调查中，测绘无人机的性能可以在调查中发挥关键作用。影响测绘无人机性能的三个关键因素，主要是飞行平台、机载数字采集设备和控制系统。

（一）飞行平台

一般来说，轻型无人机的重量约为6～8kg，不同海拔和气压条件下进行地质灾害的调查时，通常需要增加无人机的负载能力和总重量。如果高度超过3800m，则应相应增加无人机的起始重量，以确保无人机能够平稳飞行。为了保证无人机在飞行过程中的定位，使其有效地应用于地质灾害工作中，机身通常需要采用轻便的木质和碳纤维材质，使其适应地质灾害的环境，完成调查任务。

（二）机载数字采集设备

地质灾害应急抢险需要轻型无人机具有极大的测绘覆盖范围，同时也需要有较高的分辨率，以此全面地提取地质数据，以有效地满足地质灾害调查工作的要求。此外，图像土壤分辨率也是影响无人机测绘技术在地质灾害调查工作中准确性的原因。因此，也有必要提高无人机测绘的分辨率，这对采集数据的精度有很大影响。

（三）控制系统

作为测绘无人机的心脏，测绘无人机的控制系统在地质灾害调查中的应用效果有着非常大的影响。可以说，测绘无人机的应用效果直接取决于控制系统能否良好发挥作用。控制系统包含许多子系统，如驱动系统、监控系统和通信系统等。灾害调查工作对无人机的各项功能综合应用，以便实现对灾区数据的采集、上传、分析。

三、无人机技术的优势

随着无人机技术的不断发展，基于无人机的快速测绘技术优势也越来越明显。与传统的测量方法相比，无人机的测量和测绘不仅可以有效扩大测绘范围，而且有助于提高测绘的准确性和效率，降低测绘项目的成本，具有较高的应用价值。

（一）扩大测量范围

无人机技术在测绘项目中的应用改变了传统的技术测量方法，有效扩大了技术测量的范围，同时提高了测绘的质量和速度。无人机技术在测量和测绘技术中的应用使得能够测量到难以到达的区域，且从无人机获得的测量数据具有极高的准确度。因此，使用无人机进行技术测绘一方面可以有效提高测绘项目的质量和速度，另一方面可以有效提高测绘数据的准确性和可靠性。

（二）提高测绘安全性

在传统的测绘项目中，员工必须前往测绘现场进行实地勘查，地质灾害抢险地区危险度较高，如果工作人员不充分了解周围的地形条件，盲目开展测绘工作，很容易危及工作人员的安全。此外，如果发生突发性地质灾害，工作人员使用传统测量和绘图方法进行测量工作，很有可能对周围人员的生命安全产生负面影响。因此，加强无人机技术在测绘技术中的应用，可以有效提高外业测量、数据采集的安全性，促进我国地形测绘技术的发展。

（三）降低测绘成本

工程测绘本身属于一个大型项目，需要投入大量资金。过去工作人员需要购买许多专业设备和仪器来进行工程测绘，同时为了测量和记录数据，工作人员需要将大量测量设备带到使用地点，这必然会导致测绘工作成本的增加，给测绘项目带来大量的负担，同时也对工作人员的人身安全造成了一定威胁。通过将无人机技术应用于测绘项目，测绘人员可以轻松控制无人机从测量区域获取信息，而无须前往现场进行实地测绘。因此，将无人机技术应用于测量和测绘技术，一方面可以降低测量和测绘技术的成本，并以较低的成本获得较高收益；另一方面可以减少对测绘工程资金的占用。

（四）数据处理效率高，操作灵敏

与传统的测绘技术相比，无人机测绘能够快速处理收集的数据，同时返回图像的分辨率也能满足行业要求。无人机本身具有操作灵敏度高的优点，这也体现在无人机测绘技术上，无人机可以在低空连续飞行，为人员留下足够的操作空间，同时对起飞和着陆地点没有硬性要求，测绘时工作人员能够以各种方式自由起飞下降。而无人机的组成也非常简单，这使其能够以高度的灵活性轻松地安装和拆卸各种组件。

（五）工作效果好

无人机测绘的技术特点，使其可以显著提高测绘工作的效果，同时也可以用于不同地形的测绘。其操纵过程也非常舒适，可以保质保量地完成测绘工作。此外，无人机还可以实时捕获特定区域的图像，为研究人员及时提供所需的数据，以确保其工作效率。

四、无人机快速测绘技术在地质灾害应急抢险中的具体应用

（一）确定勘查区域和航线

根据目前的无人机飞行标准，大多数无人机的飞行时间相对较短，通常约为30min。基于这种情况，有必要对机身进行有针对性的划分，以使测量路线、飞行时间和飞行次数变得有意义和高效。如果测量区域较大，可将其划分为多个部分，以便快速完成测量任务。此外，在进行空中记录时，应尽可能根据记录的实际区域确定路线，以避免重复拍摄。

（二）获取灾情信息

结合基于无人机的快速测绘技术的高精度，使用特殊的数据采集设备可以实现对受灾区域整体情况的构建，同时使用二维坐标进行校正，可以构建与实际测量区域对应三维模型，还原灾害区域地质概况，将无人机在低空拍摄的图像与恢复的地貌进行对比和详尽分析。此外，三维模型的使用有助于无测量领域技术背景的技术人员或指挥官可视化地质灾害现场情况，并为其决策做出数据支持。

五、无人机技术的限制及提高应用质量的思考

（一）无人机测绘技术的限制

无人机测绘技术在实际应用中受到了这几个方面的限制：首先，山区的大多数地质灾害发生地区都远离机场，但是在无人机测绘之前应当通过当地地图或遥感图像确认，测绘地点最近飞机场的距离，以确保无人机安全落地；其次，距地面120m以下是我国目前公认的安全飞行高度，地质灾害应急抢险的测绘通常需要低于120m的飞行高度；再次，如果地质灾害发生在峡谷或对飞行器定位有强烈干扰的地点，应在飞行前上传当地的影像图片，并在起落位置保证信号强度；最后，无人机测绘结果受植被的影响较大，测绘结果应结合现场条件进行研究和评估。另外，就地质灾害研究而言，测绘无人机的工作要求与一般无人机的要求不同。在地质灾害研究中，测绘无人机需要修正能见度测量值，以获得准

确数据。目前有三种方法用于校正测绘无人机的数值，但这三种方法各有其特点，没有一种校正取景侧边差的方法可以针对多种地质灾害进行迭代计算，针对不同的地质灾害需要使用不同的校正取景侧边差的方法，这会增加额外的计算并影响取景侧边差校正的速度。此外，使用测绘无人机时，航向应超过50%，旁向应超过15%，而飞行期间的旋偏角不应超过15°。

（二）提升无人机技术应用质量的思考

1.校正无人机的参数

在地质风险研究过程中，纠正测绘无人机的参数会对测绘机的应用效率产生非常大影响。在校正测绘无人机时，可以通过了解独立系统中的精确三维空间坐标来校正测绘无人机的参数。

2.改进曝光系统

对于地质灾害的测量，测绘无人机在拍摄和采集数据的过程中，有必要使用等效曝光模式，即将测绘无人机留在预定位置，然后执行等距离控制曝光。为了使无人机在曝光过程中达到均匀曝光，需要使用测绘无人机中的定点曝光系统，以一定频率控制测绘无人机发送信号，然后根据信号频率计算时间，结合无人机的飞行速度，有效地计算出距离，然后根据一定的距离控制无人机的摄像设备进行曝光。通过控制曝光冗余，有效保证测绘无人机图像的完整性，避免图像缺漏，同时也避免了距离误差，有效保证图像的重叠度。

无人机技术目前在地质灾害应急抢险中发挥着其及时、灵活、可视化高的优点，未来在保留无人机技术优点的基础上，技术人员应改进无人机的缺点，实现技术创新，在地质灾害抢险中更广泛地应用无人机技术，以提高工作效率，降低工作强度，提高工作质量，更快、更灵活、更高效地开展地质灾害抢险工作。

参考文献

[1] 崔陵. 零件测绘与综合加工 [M]. 北京：高等教育出版社，2023.

[2] 刘建英，王新莉. 机械零部件测绘 [M]. 北京：中国铁道出版社，2022.

[3] 阳凡林，翟国君，赵建虎. 海洋测绘学概论 [M]. 武汉：武汉大学出版社，2022.

[4] 石发晋，逢格灿. AutoCAD 机械制图与零部件测绘 [M]. 北京：中国铁道出版社，2022.

[5] 刘其伟，乔慧，刘松年. 零部件测绘与 CAD 成图技术 [M]. 北京：电子工业出版社，2022.

[6] 田桂娥. 测绘改变生活 [M]. 成都：电子科学技术大学出版社，2022.

[7] 柳志刚，三利鹏，张鹏. 测绘与勘察新技术应用研究 [M]. 长春：吉林科学技术出版社，2022.

[8] 王家耀. 制图综合 [M]. 北京：测绘出版社，2022.

[9] 张文博，肖洪，李爽. 无人机测绘技术应用及成本研究 [M]. 长春：吉林科学技术出版社，2022.

[10] 赵鹏，王莫. 中国古建筑测绘大系·宫殿建筑 故宫 [M]. 北京：中国建筑工业出版社，2022.

[11] 王广华. 测绘地理信息蓝皮书：测绘地理信息人才需求与培养研究报告 2021[M]. 北京：社会科学文献出版社，2022.

[12] 李宏超，陈小歌. 不动产测绘 [M]. 2 版. 郑州：黄河水利出版社，2022.

[13] 宋雷. 测绘管理与法律法规 [M]. 北京：人民交通出版社，2022.

[14] 冯建逵，王其亨. 中国古建筑测绘大系陵寝建筑 清东陵 [M]. 北京：中国建筑工业出版社，2022.

[15] 宋新萍，郝雯婧，王媛迪. 机械零部件测绘 [M]. 北京：机械工业出版社，2021.

[16] 马泽忠. 现代测绘成果质量管理方法与实践 [M]. 重庆：重庆大学出版社，2021.

[17] 刘仁钊，马啸. 无人机倾斜摄影测绘技术 [M]. 武汉：武汉大学出版社，2021.

[18] 徐文兵，赵红. 数字地形图测绘原理与方法 [M]. 北京：原子能出版社，2021.

[19] 李建成. 测绘学科和专业发展战略研讨会征文汇编 [M]. 武汉：武汉大学出版社，2021.

[20] 刘仁钊，马啸. 数字测图技术 [M]. 武汉：武汉大学出版社，2021.

[21] 张煜. 电气工程部件测绘 [M]. 北京：北京交通大学出版社，2020.

[22] 钟山风，杨宇 . 测绘与调研 [M]. 沈阳：辽宁美术出版社，2020.

[23] 张启来 . 城市测绘工程实务 [M]. 北京：中国建材工业出版社，2020.

[24] 廉旭刚 . 测绘工程专业英语 [M]. 徐州：中国矿业大学出版社，2020.

[25] 赵雪峰，杨玲，滕凌 . 古建筑测绘 [M]. 北京：地质出版社，2020.

[26] 王冬梅 . 无人机测绘技术 [M]. 武汉：武汉大学出版社，2020.

[27] 朱希玲，项阳，张旭 . 基于虚拟现实技术的机械零部件测绘实践教程 [M]. 北京：中国
铁道出版社，2020.

[28] 余培杰，刘延伦，翟银凤 . 现代土木工程测绘技术分析研究 [M]. 长春：吉林科学技术
出版社，2020.

[29] 易树柏 . 测绘法律与测绘管理基础 [M]. 武汉：武汉大学出版社，2019.

[30] 翟翊 . 测绘技能竞赛指南 [M]. 北京：测绘出版社，2019.

[31] 陆玉兵 . 机械制图测绘 [M]. 北京：北京理工大学出版社，2019.

[32] 李浩，岳东杰 . 测绘空间信息学概论 [M]. 西安：西安交通大学出版社，2019.